U0176597

不可能的六件事

一看就懂的量子物理课

SIX IMPOSSIBLE THINGS

The 'Quanta of Solace' and the Mysteries of the Subatomic World

【英】约翰·格里宾 著

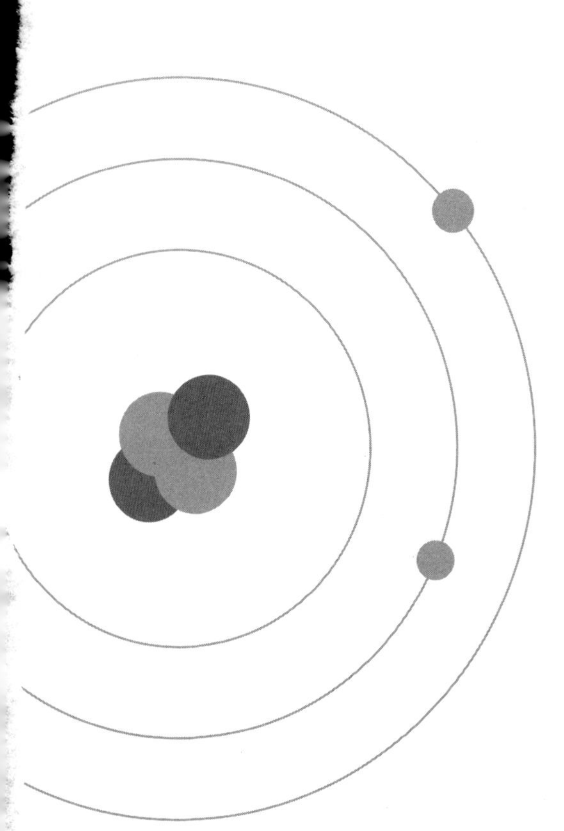

中国青年出版社
CHINA YOUTH PRESS
中青文传媒

图书在版编目(CIP)数据

不可能的六件事：一看就懂的量子物理课 /（英）约翰·格里宾著；李永学译.
—北京：中国青年出版社，2020.1
书名原文：SIX IMPOSSIBLE THINGS: The ‘Quanta of Solace’ and the Mysteries of the Subatomic World
ISBN 978-7-5153-5887-1
Ⅰ.①不… Ⅱ.①约… ②李… Ⅲ.①量子论－普及读物 Ⅳ.①O413-49
中国版本图书馆CIP数据核字（2019）第239616号

不可能的六件事：一看就懂的量子物理课

作　　者：[英] 约翰·格里宾
译　　者：李永学
策划编辑：刘　吉
责任编辑：胡莉萍
美术编辑：张　艳
出　　版：中国青年出版社
发　　行：北京中青文文化传媒有限公司
电　　话：010-65511270/65516873
公司网址：www.cyb.com.cn
购书网址：zqwts.tmall.com
印　　刷：北京诚信伟业印刷有限公司
版　　次：2020年1月第1版
印　　次：2020年1月第1次印刷
开　　本：880 × 1230　　1/32
字　　数：120千字
印　　张：5
京权图字：01-2019-2525
书　　号：ISBN 978-7-5153-5887-1
定　　价：49.90元

目 录

CONTENTS

前　言　这是怎么回事，阿尔菲？

人们需要量子的慰藉　007

故事一　核心神秘　013

故事二　交织在一起的网　029

慰藉一　不算非常出色的哥本哈根解释　047

慰藉二　不见得非常不可能的导航波解释　067

慰藉三　包袱过重的多世界解释　083

慰藉四　不相干的退相干解释　103

慰藉五　系综无法解释　119

慰藉六　无视时间的相互作用解释　135

结　论　完全没有理智条款　153

“爱丽丝笑了，‘试也没用，’她说，‘人们没法相信不可能的事情。’

“我敢说你没有多少实践经验，’女王说，‘当我年轻些的时候，我总是每天做半个小时实验。我跟你说，有时候，我在早饭前会相信六件不可能的事情。’”

《爱丽丝梦游仙境》

（*Alice's Adventures in Wonderland*）

前 言

这是怎么回事，阿尔菲？
人们需要量子的慰藉

量子物理很奇特。至少我们觉得它很奇特，因为原子层次和亚原子层次的粒子世界的运行方式（如理查德·费曼所言，光与无知的行为）是由量子世界的规则决定的，而这些规则我们不熟悉，不是我们称之为“常识”的那些东西。

量子世界的规则似乎在告诉我们，一只猫可以同时是活着的或者死去的，而一个粒子可以同时在两个地方存在。的确，那个粒子同时也是一列波，而且量子世界里的每一种事物都既可以完全以波的术语（terms）解释，也可以完全以粒子的术语解释，全依喜好而定。埃尔温·薛定谔发现了描述波的量子世界的方程，维尔纳·海森堡发现了描述粒子的量子世界的方程，而保罗·狄拉克（Paul Dirac）则证明，对于描述量子世界而言，这两个版本（versions）完全等同。在20世纪20年代末，所有这些都是清楚的。然而让许多物理学家——更不用说普通人——感到万分压抑的是，无论当时还是后来，任何人都无法对量子世界的真实情况给出一个符合常识的解释。对于这种状况的一种反应是不理会这个麻烦，寄希望它有一天会突然消失。如果你想要做点工作，比如设计一台激光器，解释DNA的结构或者建造一台量子计算机，这些方程（不管你愿意选哪一个）能够派上大用场。实际上，人们告诉一代又一代大学生："闭上嘴，算你的就是。"不要问这些方程有什么意义，得出结果就行了。这就相当让你把手指塞进耳朵，口中念念有词地说："啦啦，我听不见你。"更愿意思索的物理学家用其他方法寻求慰藉，他们变着法儿地拿出了各种补救方法，多少有些拼着命地试图"说明"量子世界中发生的现象。

这些补救方法就是有关量子的慰藉，人们称它们为"解释"。在方程的层次上，这些解释中没有任何一种比别的解释更好，尽管那些解释者和他们的门徒都会告诉你，他们自己偏爱的解释才是不二法门，相信其他解释等于追随异端邪说。而另一方面，从数学来讲，也没有一种解释比任何别的解释差。很有可能，这说明我们漏掉了什么东西。或许有一天，我们会发现一种对于世界辉煌的解释，它能做出与今天的量子理论同样的预测，而且非常合理。好吧，至少我们可以这样希望。

与此同时，我认为，值得以一个不可知论者的方式，对量子物理学的一些主要解释加以综述。与一般常识相比，这些解释都很疯狂，而且其中的一些比其他的更疯狂。但在这个世界上，疯狂不一定错误，更疯狂不一定错得更厉害。我选择了六个例子，主要是为了说明我引用《爱丽丝梦游仙境》中的话合乎道理。我对它们的相对价值有自己的看法，但不想在这里透露，打算留给读者自己选择。或者，你当然也可以把手指塞进耳朵，嘴里说“啦啦啦，我听不见你说啥”。

但是，在给出这些解释之前，我应该先说清楚我们想要解释的是什么。科学的发展常常是走走停停的，但对于量子物理学的问题，以两个故事作为开始，并向查尔斯·路德维希·道奇森（Charles Lutwidge Dodgson）致以敬意，似乎是更为合适的。

约翰·格里宾

2018年6月

1

故事一

核心神秘

量子世界的古怪是包裹在一个科学实验中的，它的正式名称为“双缝实验”。理查德·费曼因为自己对量子物理学的贡献而荣膺诺贝尔奖，他更愿意称这个实验为“双孔实验”，而且认为这是“一个用任何经典方式都绝对、绝对无法解释的现象，其中包含着量子力学的核心。实际上，其中包括了全部量子力学基本怪异的……唯一谜团”，[①]中学物理学中用这个实验来“证明”波的一种形式。对任何只记得这种解释的人来说，费曼的话可能

① 《有关物理学的演讲》（*Lectures on Physics*），第三卷。文中“量子物理学”和“量子力学”是等价互换的。“经典”物理指的是在相对论和量子理论出现之前的一切物理学。

非常令人吃惊。

在中学物理课上，这个实验是在一个暗室中进行的，光照射在一个用硬纸板或者白纸做成的简单的屏上，屏上有两个孔，有时候是两条狭长的平行缝。这个屏的对面是第二个屏，上面完全没有孔。来自第一面屏上的两个孔的光射到第二面屏上，在上面形成了明暗花样。我们称光从这两个孔穿过的分散方式为衍射，称这种花样为干涉花样，因为它是分别来自两个孔的两束光造成的结果，它们分散开来，互相干涉。如果我们把光视为波，这样的花样完全符合我们的预期。在有些地方，光波相互加强，在第二面屏上形成亮斑；而在其他地方，一列光波的波峰与另一列光波的波谷重合，它们相互抵消，留下了暗斑。如果在平静的池塘中同时投入两块卵石，我们可以看到它们造成的涟漪相互干涉，形成完全相同的干涉花样。这种干涉与众不同的特点之一，是第二面屏上最亮的光斑并不正对第一面屏上的任何一个孔，而是刚好在正对它们的两点之间。如果光是粒子束，则最亮的光斑所在的位置应该是完全黑暗的，也就是说，如果光是粒子束，则我们可以在每个孔后面看到一个亮斑，而在它们之间的地区是完全黑暗的。

到此为止，一切都没问题。这证明了光是以波的形式运动的，19世纪初的托马斯·杨（Thomas Young）就是这样理解的。不幸的是，到了20世纪初，另一种实验表明，光的行为像一束粒子。在这些实验中，一束光从金属表面上击出了电子，人称光电效应。人们测量了射电子的能量，结果发现，如果用同样颜色的入射光，每个出射电子的能量永远相等。强度更高的光照能击出更多电子，但它们的能量仍然不变，而且，当用较弱的光线照射时，出射电子的数量较小，但其中每个也都有同样的能量。阿尔伯特·爱因斯坦（Albert Einstein）用光的粒子学说解释了这一现象，他当时称这些粒子为光量子，现在我们称之为光子。每个光子具有的能量取决于光的颜色，但任何同种颜色的一切光子都有同样的能量。用爱因斯坦的话说："最简单的理念是，一个光量子把它的全部能量都传给了一个单个电子。"增加光强度只能提供更多的光子（光量子），但每个光子能够传给电子的

理查德·费曼

盖蒂图片社（Getty Images）

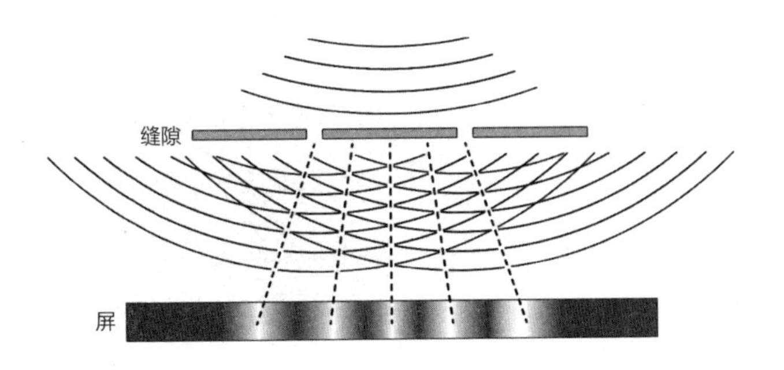

虚线显示的是光波增强的地方，它们在屏上形成亮斑。

当光通过一面屏上的两条缝隙时，光波穿过每条缝隙，像池塘中的涟漪一样形成了干涉花样。

能量都是一样的，爱因斯坦是因为这个成果获得诺贝尔物理学奖的，不是因为他的相对论。在人们将光视为波一百年之后，物理学家们必须开始将它视为粒子，但这又如何解释双孔实验呢？

情况越来越糟糕。光电效应实验让人们对光的波动本质产生了怀疑，在目睹了这种情况之后，20世纪20年代，物理学家们又看到了新的证据，说明电子这一亚原子世界的原型粒子可以显示波的行为，这让他们感到无所适从。这些实验是用电子束轰击金箔薄片，厚度在0.0001毫米到0.00001毫米之间，然后考查金箔的另一面。研究表明，电子束在穿过金属原子阵列的间隙时发生了衍射，情况与光在通过双孔实验的装置时发生的一样。实施这些实验的乔治·汤姆森（George Thomson）获得了诺贝尔奖，因为他证明电子也是波。他的父亲是J.J. 汤姆森（J. J. Thomson），因证明电子是粒子而获得诺贝尔奖，他也活着看到了儿子乔治获奖。这两次颁奖都是恰如其分的，这一现象将量子世界的古怪表现得最为淋漓尽致，但故事到这里还没有结束。

人们称这一谜团为波粒二象性，自20世纪20年代以来，它是对量子力学的意义进行理论化的核心问题。在对量子力学的基础进行理论化的过程中，出现了许多我将在后面讨论的物理学家们的慰藉。但从20世纪70年代开始，一系列出色的实验进一步展现了这个谜团的辉煌之处，因此，我现在可以跨越人们在半个世纪中对慰藉的苦苦追寻，直接为读者展现有关这个核心谜团的最新事实。如果你觉得后面的内容难以接受，请记住马克·吐温（Mark Twain）的话："真实要比虚构更离奇，但这是因为虚构必须具有可能性，而真实则不必。"

1974年，三位分别叫皮耶尔·乔治·梅利（Pier Giorgio Merli）、吉安·佛朗哥·米西罗利（Gian Franco Missiroli）和朱利奥·波齐（Giulio Pozzi）的意大利人开发了一种仪器，它能够监控用电子做的相当于双孔实验的实验。他们用的不是一束光，而是从高热金属丝上发出的电子，并让它们穿过一台叫作电子双棱镜的装置。这些电子是通过一个单一的入口进入双棱镜的，但在其中经历了一个电场，后者把电子束一分为二，其中一半穿过一个出口，另一半穿过另一个出口。随后，两束电子来到了一个如同计算机屏幕一样的检测屏上，每个电子都在屏上留下了一个白点。这些白点留在屏上，而且随着实验进程，在屏上形成了一个花样。当单独的一个电子通过双棱镜时，它有五五开的机会穿过其中任意一个出口，并在屏上留下单一的一个白点。当在实验中发出的是由许多电子组成的一个电子束时，它们会在屏上留下许多重叠的点，这些点共同组成了一个花样，就是我们预期会见到的波的干涉花样。

这个现象本身不会让人太紧张，尽管电子是粒子，但在电子束中有很多电子，它们可以在实验过程中相互作用，形成干涉花样。不管怎么说，水波会形成干涉花样，而水是由分子组成的，我们可以把这些分子视为粒子，但还有别的问题。

意大利人的实验装置极为精密，一次可以发出一个单一电子，而且可以让它像一架航班从繁忙的机场起飞一样踏上旅途。就像飞机一样，这些电子出发的时间间隔比较大。装置中的电子源要比热电金属丝精致，它与检测屏之间相距10米，每个电子都是在前一个电子到达目的地之后才发出的。在实验中，数以千计的电子一个接一个地发出，并在检测屏上形成了花样，我希望你能猜到发生了些什么——它们在检测屏上形成了干涉花样。如果各个不同的粒子的共同作用与水分子相互作用并形成花样的方式相同，则它们的相互作用是跨越时间与空间发生的，人们称这种实验为“单电子双缝衍射”。

在这个相当于光的双缝实验的过程中，电子是一次一个地发出时，每个电子都在检测屏上产生了一个小光点。但这些光点是在一段时间内形成干涉花样的，就好像它们是波一样（见下方插图）。

尽管意大利三人团队在1976年发表了这些令人吃惊的结果，但未能在物理学界造成冲击波，当时没有多少物理学家关心量子力学是如何生效的，而只要它有效、能让他们利用方程进行计算、正确地预言实验结果就可以了。举例来说，他们就像设计电视机的工程师一样，

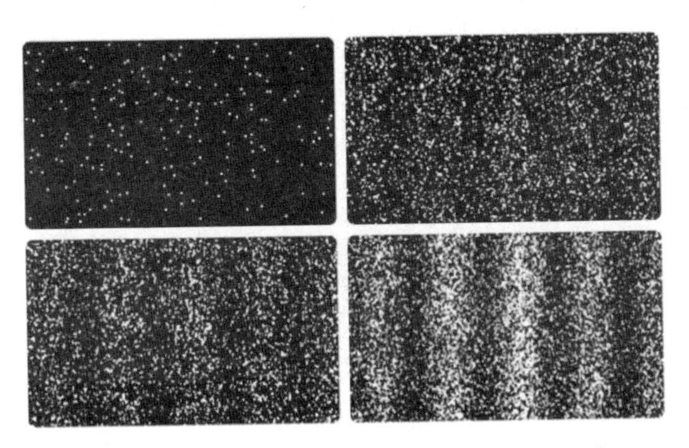

改编自A. 外村彰（A. Tonomura）等的文章，《美国物理学》杂志（*Am. J. Phys*），（1989）。

一个或者一束电子是如何从A点到达B点的，这一点对他们来说无关紧要。他们就像一群在赛车场上绝尘而去的选手，对自己汽车的发动机盖下面发生了什么毫不关心，只要能让他们风驰电掣地在高速赛道上飞驰就可以了。如前所述，对那些想知道这些方程为什么能够工作的学生，为他们准备的唯一的半开玩笑的建议就是“闭上嘴，算你的就是”，也就是说，使用这些方程就行了，管它是什么意思。

20世纪80年代，这种态度遭到了越来越多的质疑，特别是因为出现了我在故事二中描述的新发展之后。一个以阿基拉·外村彰（Akira Tonomura）为首的日本团队做了与意大利先驱者类似的实验，但使用了在20世纪80年代后期经过改进的仪器。他们的结果发表在1989年，这一次造成了比较大的波澜，结果，在2002年《物理世界》（*Physics World*）杂志的读者民意测验中，单电子双缝衍射实验被选为“物理学中最优美的实验”。但人们对这些实验中的一个细节有些挑剔，与经典的光学双缝实验的第一面屏不同，电子双棱镜实验中没有物理屏障，通过这一装置的两条道路，即两个“频道”，都是开通的。2008年，波齐和另外一组同事更进了一步。他们设计了一个新实验，也是可以一次发出一个电子，并让它们通过薄屏上的两个真正的、纳米级的真实缝隙，而在屏的另一面以通常的方式予以检测。如同预期的那样，这些电子在到达检测屏时形成了干涉花样。然后，这个意大利团队屏蔽了其中一条缝隙，并重复了实验，但这一次没有发生干涉。在缝隙后面的检测屏上出现了简单的一个光点，正对缝隙，与你预期的一束粒子造成的结果完全相同。在整个实验中，穿过墙上一个孔的一个单独的电子是如何能够“知道”附近还有另一个它可以通过的孔，以及那个孔是否打开，并以此调整它随后的飞行路线的呢？

下一步从理论上说是很明显的，但实际操作却难得不可思议。建造一套实验装置，在其中第一面屏上设置两个纳米级的小孔，而且它们还可以在电子飞行过程中打开或者关闭。当电子出发后，它们会因为人们改变了实验设置而遭到愚弄吗？设立在美国的一个团队接受了这一挑战，团队的带头人是出生于荷兰的赫尔曼·贝特拉恩（Herman Batelaan），他在2013年公布了他们的结果。我在题为《量子谜团》（“The Quantum Mystery”）的电子阅读器文章中描述了他们的实验装置。因为描述中牵涉准确的数字，我无法进一步简化，所以原样放在下面。

这几位研究人员在涂有金薄层的硅膜上开了两道缝隙。这层硅膜只有100纳米“厚”（其实用“薄”字描述才更准确），上面的金薄层为2纳米。每条缝隙宽62纳米，长4微米（1纳米为10亿分之一米，1微米为100万分之一米）。两条平行的缝隙相距272纳米（从一条缝隙的中央到另一条缝隙的中央）。在装置中，关键的新发展是一个微型快门，它可以通过自动机制（压电传动装置）在膜的表面滑动，遮住上面的任何一条缝隙。

在实验中，电子以每秒钟一个的速率发出，穿过装置，两小时之后可以在检测屏上形成花样。整个过程用摄像机记录。在一系列互相关联的实验中，团队观察了三种条件下发生的现象：两条缝都打开；只有其中一条缝打开；以及开始时两条缝都打开，但在电子发出后快门在膜上移动，关闭另一条缝隙。如同预期，当两条缝隙都打开时，检测屏上出现了干涉花样，而在只有一条缝隙打开的两种情况下都没有干涉花样。比意大利和日本的两个团队的实验揭示（或许我更应该用“确认”这个词）的所有谜团更甚（on top of），这次实验中的电子似乎也“知道”有多少缝隙是打开的。在穿过仪器的时候，每一个电子似乎不但确切地知道实验的设置情况，而且确切地知道在它之前与之后的电子的状况。

半个世纪之前，理查德·费曼曾预言过会发生这种情况。根据人们已经知道的光的行为，以及电子波的发现，他在想象中做了一个使用电子的双缝思想实验。他在《有关物理学的演讲》中说，他将描述一个思想实验，“但这种实验你不应该真的打算实施”，因为“要想取得我们有兴趣的效果，实验装置的小型化程度将是我们无法达到的”。事实证明，1965年无法做到的事情，在2013年做到了。费曼泉下有知，一定会回眸微笑，因为纳米技术是让他心往神追的事业之一。正如贝特拉恩和他的同事们所说的那样，他们成功地“完全实现了费曼的思想实验”。它确实一览无余地揭示了量子世界的核心神秘，也就是“量子物理学核心的……唯一谜团”，而且任何人都不知道世界怎么会是这样的。

2

故事二

交织在一起的网

在继续本书之前，我们还有一项重要的事情要做，就是从双孔实验中学习另外一课。这不同于可以同时把电子视为波和粒子这类事情，它们在实验过程中穿行时似乎像波，但在到达检测屏时似乎像粒子。有时候它们表现得好像是波，有时候它们表现得好像是粒子，这里的“好像”二字很重要。我们无法知道量子实体“真正是什么”，因为我们不是量子实体。我们只能用一些我们有直接经验的东西做类比，如波和粒子。早在1929年，物理学家亚瑟·爱丁顿（Arthur Eddington）便以令人难忘的风采指出了这一点，他在题为《物理世界的性质》（*The Nature of the Physical World*）的著作中说：

我们无法用自己熟悉的理念描述电子……这是我们未知的事物，它正在做我们不了解的事情。听上去（这）并不是一个特别能为人带来启发的理论。我在其他地方读过这类事情——

柔软滑腻的奇怪动物

旋转着在日晷周围的草地上打洞。[①]

确实，与考虑电子表现的波和粒子的行为相比，如果我们想象实验中有一些柔软滑腻的奇怪动物，它们旋转着打着两个洞，我们的日子或许会好过一些。为了避免过分渲染，我不会在每次提到量子世界中的一个事件或者实体时说到“好像”，但读者在阅读时应该假定这个词的存在。

人们在说到电子和其他“粒子”的一个基本性质时称其为“自旋”，但确实，“gyre”（卡罗尔杜撰的词，意

① 这是《爱丽丝梦游仙境》的作者刘易斯·卡罗尔（Lewis Carroll，1832-1898，数学家、作家）在《爱丽丝镜中奇遇》中的一首《胡诌诗》中的两句，其中有许多自造的词。爱丁顿借用这样的句子说明电子的怪异行为，而且带有电子的行为不应该用我们熟悉的术语表达的意思。——译者注

思是“旋转”）是描述这种性质的更好的术语。与波和粒子一样，自旋是一个我们熟悉的温馨术语，但它也和波与粒子一样，会对人造成误导。原因之一是，量子力学的方程告诉我们，一个量子实体必须旋转两次才能回到初始位置，无论这在物理上有何意义（我当然想象不出）。但自旋在讨论许多量子现象时非常有用，因为它有两种形式，可以分别视为“向上”和“向下”。这样就简化了讨论，否则可能会复杂得难以驾驭。

例如概率。德国物理学家马克斯·玻恩（Max Born）以可靠的数学关系为基础，将概率的理念引入了量子力学的领域。我们在此不过多考虑数学问题，只是以电子自旋（或者像爱丁顿可能更愿意说的那样，是“奇怪动物的旋转”）为一个例子，感觉一下它的重要性。我们或许可以用量子力学的方程描述一个实验，其中一个原子发射一个电子，后者穿越空间（这是一个真实过程，人称贝塔衰变或β衰变）。在理想化的实验情况下，这个电子具有确定的自旋，或者向上，或者向下。但我们没有任何办法提前预知会是哪种情况，二者都有50：50的机会。如果做这个实验1000次，或者同时用1000个原子做这个实验，你会发现500个电子（或许有正负几个的误差）自旋向上，500个电子自旋向下。但如果你抓住单独一个电子并测量它的自旋，在查看结果之前你无法判断它会朝哪里旋。

到这里为止，没什么让人吃惊的地方。但爱因斯坦意识到，当两个电子反向飞出时，量子理论的方程预言了一件非常令人吃惊的事情。[①]我们可以在某些情况下应用一个守恒定律，其中说这两个电子的自旋必须相反，一个向上，另一个向下，于是它们实际上相互抵消。但量子力学的方程说，当母原子发射这两个电子时，它们并没有确定的自旋。每一个电子都以人称“态叠加”的状态存在，即向上和向下这两种状态的混合，而只是当它与其他事物相互作用时，电子才会根据概率论的规则，“决定”自己采取哪种自旋。爱因斯坦抓住的一点是，如果这两个电子的自旋必须相反，则当电子A“决定”自旋

① 实际上爱因斯坦是用略微有些不同的术语讨论这个惊人现象的，但用“自旋”这个版本更容易理解。

向上的那一瞬间，电子B必须自旋向下，无论这两个电子相隔多远。他将之称为“幽灵般的远程作用”（spooky action at a distance），因为乍一看，就好像这两个电子之间交流的速度超过了光速一样，而根据狭义相对论，这种情况是禁止的。

爱因斯坦发展了这个想法，并在鲍里斯·波多尔斯基（Boris Podolsky）和南森·罗森（Nathan Rosen）这两位同事的协助下写成了一篇论文（有些人或许会说是在他们的“妨碍”下而不是协助下，因为这篇论文的语言很差，没有清楚地表达论点），发表在1933年。根据他们的姓氏首字母，人们称这篇论文为EPR论文，而爱因斯坦试图阐述的观点人称EPR悖论，尽管它本身完全不是个悖论，而是个谜团。1935年，薛定谔在一篇科学论文中创造了另一个著名的“悖论”，他在其中将两个量子系统之间似乎通过“幽灵般的远程作用”产生的联系命名为“量子纠缠”。EPR论文说，量子理论“使（第二个系统的性质）的真实性取决于对第一个系统的测量过程，尽管这一过程不会以任何方式干扰第二个系统；我们无法想象，任何有关真实的合理定义能够容许这种情况发生”。他们破解这个谜团的方法是：“因此我们只能得到一个结论，即量子力学对于物理真实的描述……并不完备。”爱因斯坦认为，必定存在着一种叫作隐变量的内在机理，它能够确保，当这个例子中的电子从母原子飞离时，不会真正具有选择自旋向上或者自旋向下的能力，而是一切都有事先确定的规律。

尽管EPR论文的发表在专家们之间激起了热烈的争论，但此后三十年间，人们都没有在洞察量子纠缠方面取得真正的进展，其原因主要是，1932年，在EPR论文发表以前，当时最著名的数学家之一约翰·冯·诺伊曼（John von Neumann）出版了一部有关量子力学的很有影响的书，其中有一个错误。在这部书中，冯·诺伊曼“证明”，隐变量理论无法解释量子世界的行为，因此它们是不可能存在的。他实在太著名了，每个人都相信他，而没有去核实他的方程。哦，几乎每个人。一位名叫格雷特·赫尔曼（Grete Hermann）的年轻德国研究人员发现了诺伊曼的推理中的漏洞，并于1935年发表了一篇文章，提醒人们注意这个问题。但他的文章发表在一份物理学家们很少阅读的哲学期刊上，他们只是在很久之后才发现了它。正如我将在慰藉二中说到的那样，尽管冯·诺伊曼的错误并没有完全阻止人们研究“不可能”的隐变量理论，但直到20世纪60年代中期，才有一位物理学家剖析了诺伊曼的观点，说明了它的错误之处，这才让隐变量的理念获得了新生。但此人让隐变量复活一举或许未能让爱因斯坦高兴，因为他的文章同时证明，所有这类理论都必须包括爱因斯坦痛恨的幽灵般的远程作用，人们现在更正式地称这种作用为非局域性。

那位物理学家就是约翰·贝尔，他在欧洲粒子物理实验室［European particle physics laboratory（CERN）］任职，其间前往美国短期工作，可以就他感兴趣的任何课题进行几个月的研究。这次脱离了日常工作所做的短期科研产生了两篇论文，它们改变了有关量子世界中“人人都知道”的情况，其戏剧化程度不亚于波粒二象性发现以来的任何事件。首先，贝尔解释了冯·诺伊曼的观点错在哪里，然后，他说明了应该如何在原则上设计一

约翰·贝尔

科学图片库（Science Photo Library）

种实验来检测非局域性效应。更准确地说，这种实验将检验“非局域性”这一假定。在这里，“局域”指的是幽灵般的远程作用不存在，即事物只能在其邻域影响其他事物，邻域的定义是光在某个时间内通过的距离。“真实”是这样一种想法，即确实存在着一个实在的世界，无论有没有人看着它或者测量它。出于量子世界的概率性质，贝尔建议的实验需要测量进入仪器的大量粒子对（如电子对或光子对）。依照贝尔的设计方式，在经过大量实验之后，这个假定的实验将产生两组测量值。如果其中一组的数目大于另一组，则将证实局域真实的假设是有效的，人们称这个比率为贝尔不等式，称这一套理念为贝尔定理。但如果另一组中的数目较大，则贝尔不等式不成立，意味着局域真实的假定是不正确的。如果量子力学是正确的，贝尔不等式必定不成立。我们将有一个真实世界，其中包括幽灵般的远程作用。或者，我们可以有局域性，但其代价是必须同时承认：只有我们观察得到的事物才是真实的，其他一切都是虚妄。

物理学家们过去也曾走过类似的道路，尽管许多物理学家自己对此并不欣赏。17世纪，罗伯特·胡克和艾萨克·牛顿发展了有关引力的理念，他们意识到，月球必须在地球周围的轨道上围绕它旋转，这是因为有着某种让它们互相吸引的力的作用，而行星也受到了同样的力作用，因此围绕着太阳旋转。他们认识到，这是一种远程作用。尽管他们谁都没有用“幽灵”来描述这种力，但事实上他们都不知道这种力是如何作用的，因此牛顿才做出了*Hypotheses non fingo*的著名评论，这句拉丁文说的是“我不做任何假定”，意思是“你们关于引力工作原理的猜想与我的猜想同样好”。他因为引力作用的远程效果而困惑不已，其程度与我们今天对于量子的远程作用的困惑毫无二致。20世纪，爱因斯坦发明了广义相对论，用它取代了引力的幽灵式远程作用理念，认为这是物质的存在造成了空间的经纬变形引起的。然而我们必须承认，有些人也觉得这种想法带有幽灵的影子。或许会有一天，未来的某位爱因斯坦第二横空出世，用一个不那么幽灵的理念取代幽灵般的远程量子作用，因为实验已经证实，这一效应是真实的。

为了真正实施贝尔类型的实验，所需的技术超过了20世纪60年代的科技水平，贝尔也没有指望自己能够看到这个实验完成。但人们已经在80年代早期完成了这类实验，用的是光子而不是电子，但证明了贝尔不等式不成立。从此之后，人们又做了许多这类实验，而且相关实验技术越来越精密，它们都确认了这一点。局域真实并不是对世界的有效描述，用1990年约翰·贝尔本人在日内瓦的一次会议上的话来说就是："我不知道有任何局域理念在量子力学中成立，因此我认为我们应该坚持非局域的观点。"如果爱因斯坦泉下有知，他或许会认为，"没有任何对真实的合理定义"能够许可这种观点，但结论必然是，按照他的观点，真实是不合理的。但在所有这些特点中，最令人震撼的一点经常遭到忽视。尽管贝尔定理的出发点是试图理解量子物理学，而且那些话是在一次量子物理学会议上说的，但这些结果的应用并不局限于量子物理学，它们可以应用于世界，应用于宇宙。量子物理学是对世界如何运行的描述，具有这种功能的量子物理学有一天是否会被其他理论取代？无论你对此有何观感，都不会改变什么。这些实验表明，局域真实对于宇宙无效。无论你选择通过坚持真实和接受非局域性来取得慰藉，或者选择通过坚持局域性并拒绝真实来取得慰藉，这是个人的喜好，我们以后将会看到这一点，但你不能同时选择二者（但如果你真的想要损害脑筋，你可以二者都不选）。但是，当我们为自己疼痛的大脑寻求慰藉时，我们值得更新量子纠缠的故事，因为它有重大的实用价值。

那些应用包括一种叫作量子隐形传态的现象，它取决现在已经由实验证实了的一个事实：如果两个量子实体互相纠缠，比如两个光子纠缠，则无论它们距离多远，发生在其中一个身上的事情都会影响另一个。实际上，它们是一个单一量子实体的不同部分。我们无法利用这种现象以高于光速的速度传递信息，因为发生在每个粒子上面的事情与概率和随机性有关。如果经过微调，一个光子进入了某种随机的量子状态，则另一个光子也会同时微调，进入另一个量子状态，但任何观察第二个光子的人都只能看见一个服从概率论规则的随机变化。为了让这种变化传递信息，任何微调了第一个光子的人都必须用传统方式发送一个信息（低于光速），告诉第二个实验者发生了些什么。但通过某种方式微调一个光子，人们可能会把第二个光子变成第一个光子的准确的复制品（有时被称为克隆），而第一个光子的状态被打乱了。实际上，第一个光子被隐形传送到了第二个光子所在的地点，但因为第二个光子的状态被打乱了，因此这并不是一个复制件，这一过程也只能通过利用一个低于光速的过程传送信息才能完成。量子隐形传态可以传送信息，但需要一条“量子渠道”和一条“经典通道”。

人们在发展这类系统方面投入了庞大的科研精力，主要因为这种技术具有发展无法破解的密码的前景，这无论对于工业或者政府都有极大的价值。其中至关重要的一点是，如果有任何偷听者试图进入量子渠道偷听信息，这一举动将打乱数据，令其毫无用处，并暴露信息受到的干扰。如果偷听者阅读经典渠道中的内容则无所谓，因为就像量子密码破解专家指出的那样，为了偷听者方便，他们可以把这些信息印在报纸上或者公布在社交网络上，你需要两个渠道的信息才能打开加密信息。量子纠缠也与量子计算机的开发有关，这是当前经常出现在头条上的课题。研究者们的着眼点是完全可靠的量子互联网，使用量子计算，量子纠缠和量子隐形传态，完全可靠地分享信息。

这类实验现在已经走出了实验室，进入了整个世界，而且还在进一步发展。2012年，一个中国团队用这种方法进行了量子隐形传态传递信息，跨越了青海湖（Qinghai Lake），距离为97千米。同年，一个欧洲团队则利用量子隐形传态将光子传递了143千米的距离，从加那利群岛（Canaries）中的拉帕尔马岛（La Palma）传到了特纳利夫岛（Tenerife）。顺便说一句，这两个实验证实了贝尔不等式不成立，物理学家们现在认为，这一点如同苹果会从树上掉下来一样不言而喻。

加那利群岛的实验使用了海拔大约2400米的高山地面站，那里稀薄的空气减少了大气干扰。但在更高处的空气更加稀薄，而从拉帕尔马岛向上，直线距离不到143千米，就会到达太空的边缘。2016年，中国发射了墨子号卫星（Micius satellite，以中国一位古代哲人的名字命名），卫星向1200千米外位于西藏高山上的各自独立的接收站发射了量子纠缠的光子对。卫星在实验过程中以将近8千米每秒的速度运动，但一直把光子束对准目标。实验结果并不出乎任何人的预料：光子的行为证实了贝尔定理的预言。这是科技的一曲凯歌，尽管实验是夜间进行的，因为白天的日光太强，检测器无法观察光子束。在从这台卫星上发射的光子中，大约每600万个才能由地面站成功地“回收”一个（幸亏光子很便宜）。人们正在计划发射一组卫星，由它们发射连白天都能检测到的更强大的光束，这就可以作为量子通讯网的基础，并从地面向空中的卫星量子隐形传输光子。到了你读到这里的时候，说不定这一技术已经有了更多的进展，大家已经看到了更多的有关新闻了。但是，尽管技术专家们或许仍然在“闭着嘴做计算”，而物理学家们还是无法搞明白世界为什么是这样的。

是时候让我们更加详尽地了解物理学家们寻求慰藉的方式了，但为了能让我们能够脚踏实地，请再想一下双孔实验。在这一实验中，每个电子似乎“知道”有多少孔是打开的，以及它正在向哪里去。人称幽灵式远程作用的量子纠缠是否也有所参与？如果向相反方向飞离的一对光子实际上是一个单一量子系统的一部分，我们是否可以将整个双缝实验和电子——所有的电子？——视为一个单一量子系统的一部分？或许，电子知道哪个孔是打开的，因为这些孔的状态也是这个电子的状态的一部分。当物理学家们开始在对量子力学的解释中寻求慰藉时，量子纠缠的理念还不存在。尽管如此，这一解释成了人们在几十年间的标准观点。

慰藉一

不算非常出色的哥本哈根解释

在几十年间成为观察事物标准方式的量子物理学解释是建立在波理念的基础上的，并且很大程度上忘记了“好像”这一提示说明。20世纪20年代，物理学家们已经知道，量子世界可以用两种数学方式描述：一种涉及了波，在薛定谔方程中被总结。另一种涉及纯粹的数字，其表现形式是人称矩阵的阵列，是由维尔纳·海森堡和保罗·狄拉克的工作发展起来的。两种方式能够得到同样的答案，因此，使用哪种工作方法是个人的选择，而因为大多数物理学家已经对波动方程有了一定程度的了解，所以他们选择了波动方程。然而，在任何量子计算中，你计算的是一个系统的两种状态之间的关系，这个系统可以是一个电子，双孔实验，或者在原则上可以是整个宇宙，或者在电子和宇宙这两个极端之间的任何事物。如果你有一套描述这个系统在状态A下的参数，你可以计算在一段时间后它处于状态B的概率，但没有任何东西能够告诉你，二者之间发生了些什么。

典型例子是在一个原子中的一个电子，根据一些计算，我们可以将电子考虑为好像（那个提示词）处于不同的轨道上，这些轨道对应于不同的能量。当一个原子以光的形式发出能量时，一个电子从一条轨道上消失，并出现在距离原子核更近的轨道上。当一个电子吸收光时，一个电子从一条轨道上消失，并出现在距离原子核更远的轨道上。但它并不会在两条轨道中间运动，开始它在这里，然后它在那里。人们称这一现象为量子跃迁，或者量子跳跃。[①]薛定谔想用他的波动方程解释在跳跃期间发生了什么，但未能成功。他说："如果所有这些该死的量子跃迁一直存在，我会为自己跟量子理论扯到一起

① 与广告商们想的不同，一个量子跳跃是随机出现的非常小的变化。

尼尔斯·玻尔
盖蒂图片社

而感到遗憾。”足够让薛定谔感到遗憾的是，量子跃迁过去和现在都一直存在。矩阵法更坦率一些，因为它并不装出一副能够告诉我们在状态A与B之间发生了什么的样子，但它提供的慰藉少于薛定谔方程。

几十年间，这种解释一直是大家考虑量子世界的标准方式，人们称其为哥本哈根解释，因为它是由个性极强的尼尔斯·玻尔积极推动的，他的事业奠基于这座城市中。它实际上是对维尔纳·海森堡的一揽子想法的命名，这让马克斯·玻恩相当恼火，因为他不是玻尔团队的成员，也没有在哥本哈根工作过，但他有关概率的一些想法是这种解释的不可或缺的（integral）组成部分。20世纪20年代后期，玻尔在有关量子物理学的讨论中占据了强有力的主导地位，这不仅让人们以这种方式承认了他的家乡，而且他还彻底压垮了另一种有关量子力学的极有生命力的解释，让人们在二十年间完全漠视了这种解释。我将在“慰藉”二中说明这一解释。

玻尔本质上是一位实用主义者，他乐于将各种不同的想法融合在一起，成为一个可用的组合，而不太担心这一切意味着什么。因此，对于哥本哈根解释究竟是什么，人们没有一个直截了当的确定说明，尽管在这个解释有了现在的名称之前很久，玻尔曾在1927年的意大利科摩会议上接近于做出了这样的说明。他发表这次讲话的科摩会议是物理学的一个里程碑式的时刻，因为它标志着这样一个时间点：为了“闭上嘴计算”，物理学家们的眼前出现了他们需要的工具，于是他们就可以应用量子力学，解决有关原子和分子的实际问题（如化学、激光和分子生物学问题），而不必考虑量子力学的意义这个基础性问题。

玻尔的实用主义思想延伸到了他的解释上，他说，除了实验结果以外我们一无所知。这些结果取决于实验设计的测量目的，即我们打算向（自然的）量子世界提出什么问题。这些问题受到了我们有关这个世界的日常经验的影响，其规模（这里说的应是宏观与微观之差别，所以scale译为规模或者级别更合适）远远大于原子和其他量子实体。所以我们可以猜测电子是粒子，于是就设计了一个实验，将电子视为一个微型台球，并通过测量电子的动量这种明显的方式来检测这一猜测。瞧吧，当我们这样做的时候，测量电子的动量的实验确认了我们的理念：电子确实是粒子。但我们却有一位朋友，她的想法有所不同。她认为电子是波，而且设计了一个测量电子的波长的实验。瞧吧，她的实验给出了波长的测量值，证实了她的理念：电子是波。那又怎么样，玻尔说。这只不过是因为你在寻找粒子，所以电子表现出好像是粒子的行为，或者是因为你在寻找波，所以它表现出好像是波的行为，这并不说明它是其中任意一种，更不要说二者都是了。你想看什么，你就会看到什么，你看到的东西取决于你选择看什么。哥本哈根解释认为，当没有什么人在测量电子和原子这类量子实体的时候（如果你愿意，也可以说在看着它们的时候），提出它们是什么或者它们在做什么这类问题毫无意义。

到现在为止，一切都是实用主义的，没有什么东西特别令人感到惊恐，但玻尔很快就带着我们进入了五里雾中，这就是在概率论进入了量子力学的时候。当薛定谔拿出了自己的波动方程时，他认为这是对于一个电子

（或者其他量子实体，电子是用以说明问题的最简单粒子）的实在描述——他认为电子是波。但玻尔接过了薛定谔的观点并大加发挥，把它和玻恩有关概率角色的想法结合，产生了一个令人不安的离奇混合物。如果仅仅涉及量子计算，这个混合物就是有效的，而且现在也仍然有效，但当你不再考虑计算时就会让你大伤脑筋。根据这个新图像，我们可以把薛定谔的方程的解视为“概率波”，而在任何一个位置找到一个电子的机会是由“波函数的平方”决定的，实际上就是将描述这个波的方程在那个位置的解自乘。当我们测量一个量子实体，或者说观察它时，波函数“崩溃”成为一个由概率确定的一点。但是，尽管在有些地方更可能找到电子，但原则上，电子可以出现在波函数到达的任何位置。下面这个非常简单的例子说明了这种行为的离奇。

考虑一个被限制在一个盒子里面的电子，概率波均匀地分布在整个盒子内，这就意味着，人们在盒子中的任何位置发现这个电子的概率相等。现在在盒子中央设置一个隔板，常识告诉我们，电子现在必定被限制在某半边盒子内。但哥本哈根解释（CI）说，概率波仍然充满了整个盒子的两半，而在隔板两边发现电子的概率相等。现在沿隔板的中心将隔板和盒子各自分为两半，让隔板成为两块厚度为原来隔板一半的新隔板，盒子也变成了两个容积为原来盒子一半的新盒子，而新隔板则是封闭的新盒子的一个面。[①]现在让我们把其中 一个盒子留在你的实验室里，另一个放进一枚火箭带上火星。玻尔仍然认为，那个电子在实验室和火星上的两个盒子中存在的概率为五五开。现在打开在你的实验室中的盒子，电子或者在里面，或者不在。但在这两种情况下，波函数都崩溃了：如果你的盒子是空的，则电子在火星上；如果电子在盒子里，则另外那个盒子是空的，这和说电子“总是在”这一半盒子或者那一半盒子里是不一样的。CI坚持认为，波函数的崩溃仅仅发生于你在实验室里检查盒子的内容的时候，这是EPR“悖论”背后的想法和薛定谔有关一只猫的生死的著名思想实验的核心。但在

① 译者在译文中对感觉原文交代不清的地方做了解释。——译者注

埃尔温·薛定谔
盖蒂图片社

讨论这个理论之前，让我们先看看哥本哈根解释是怎样“解释”双孔实验的。

根据我读大学的时候老师的教导，以及今天这么多的学生仍然得到的教导，CI认为，“理解”量子力学的“不二法门”是：一个电子是从实验装置一边的电子源——一支电子枪——作为一个粒子发出的。它立即分解成为一列“概率波”，后者在实验装置中分散，并向另一边的检测屏传播。这列波将穿过一切打开的孔，然后根据具体情况，或者与自己干涉，或者不干涉。接着，它以某种概率样式（pattern在这里应是图案样式的意思，对应之前的“干涉花样”，如用模式则是“mode”）到达检测屏并在上面分散，有些地方概率高些，有些地方概率低些。就在这一瞬间，这列波“崩溃了”，重新变成了粒子，它在屏上的位置是随机选择的，但遵守概率法则，这就是所谓“波函数的崩溃”。电子以波的形式传播，但以粒子的形式到达。

然而，波携带着的并不只是概率。如果量子实体有可供它选择的状态，如一个电子可以自旋向上或者自旋向下，而且这两种状态以某种方式包含在波函数之内，则我们称其为“态叠加”，而当它被检测或者与另一个实体相互作用的那一刻，实体所处的状态也是由波函数崩溃的那个时刻决定的。1955年，维尔纳·海森堡在圣安德鲁斯大学（University of St Andrews）发表演讲时说：“从‘可能’向‘实际’的转化是在观察的过程中发生的。”

这种机理就如同计算量子行为的一种方法，电子一类事物的行为好像真的是这样的。但这也造成了许多不解之谜，其中最令人困惑的一个是所谓“延迟选择”实验，是由物理学家约翰·惠勒（John Wheeler）想象出来的。他从如下事实开始：如果一次发射一个光子，并让大量这样的光子通过带有两个孔的实验装置，则它们仍然会在检测屏上形成干涉花样。但根据哥本哈根解释，如果把一台仪器放在两个孔与检测屏中间，监测每个光子通过哪个孔，这时便不会出现干涉花样，这表明每个光子确实只通过两个孔中的一个。“延迟选择”的出现，是因为我们可以决定是否在光子通过了带有两个孔的屏之后监测它们。当然，人类的反应速度远没有达到可以

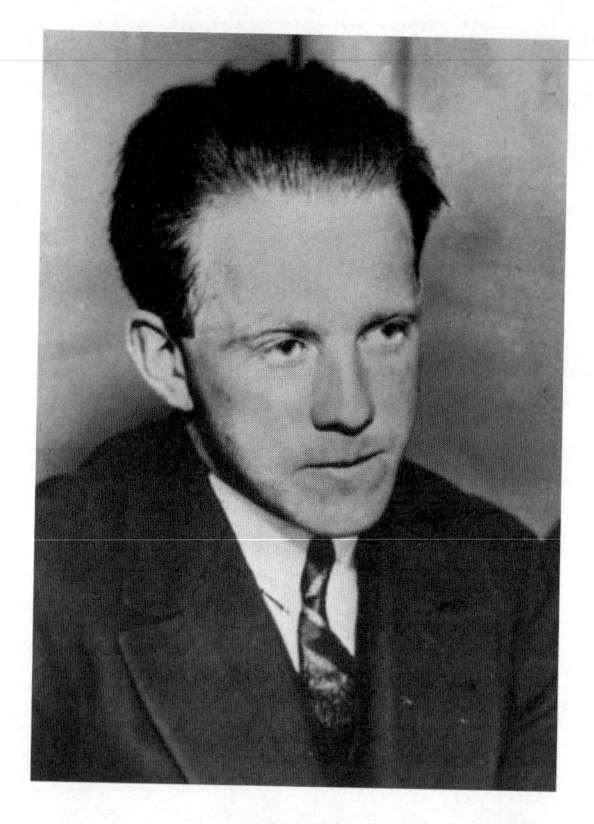

维尔纳 · 海森堡
盖蒂图片社

这样做的程度。但人们在使用了能够做到这一点的自动监测仪器的情况下做了实验，在光子通过孔之后让监测仪器打开或者关闭。实验证实，干涉花样确实在光子受到监测的情况下消失了。这就意味着，每个光子（或者说概率波）只穿过了一个孔，尽管监测光子的决定只是在它通过了孔之后才做出的。

惠勒指出，我们可以想象一个真正宇宙尺度的类似实验。在一个人称引力透镜的现象中，来自一个遥远天体如类星体的光，受到一个干预天体如一个星系的引力的聚焦，这会让光线在引力透镜周围沿着两条或更多的路线通过，这就可以在地球上的检测器上留下天体的两个像。在原则上，这些光线不会形成两个像，而是可能会结合来自引力透镜周围不同路线的光，由沿着透镜周围的两条路径到来的波形成一个干涉花样，这就是双孔实验的宇宙规模版本。但然后我们可以在光子有机会形成干涉花样之前监测它们，弄清它们是通过透镜周围的哪条路到来的。在那种情况下，根据实验室规模实验的结果，干涉花样会消失。类星体或许在100亿光年以外，作为引力透镜的星系或许在50亿光年以外。但根据我们从实验知道的一切，光子在几十亿年前、几十亿光年以外所做的事情，受到了我们现在在这里选择测量它们的影响。怎么会这样？正如惠勒本人说的那样："哥本哈根解释不准许我们提出这样的问题。"[①]这说明哥本哈根解释算不上非常出色。

从本质上说，哥本哈根解释声称，一个量子实体在受到测量之前没有某种性质，或者说没有任何性质，这就让人们提出了有关什么可以算是测量的各种问题。这种测量必须有人类的智力干预吗？如果没有任何人观察月球，月球是否存在？宇宙之所以存在，仅仅是因为人类具有足够的智力，能够注意到它吗？或者说，量子实体与检测器之间的相互作用也算测量？或者，在两种极端情况之间，我们可以在什么地方找到量子世界和美妙的旧式牛顿物理学经典世界的边界？正是这类考虑，导致薛定谔发表了他有关一只猫的著名谜团。这只猫被锁

① 由菲利普·波尔（Philip Ball）引用。

在一个装有准备杀死它的邪恶装置的房间里（他用的德语词的对应意思是房间，而不是“盒子”），但生与死这两种状态以五五开的概率叠加。我们在这里更新他的这个例子，想象在这个房间里有一个测量电子自旋的检测器。如果电子自旋向上，就会触发装置，杀死猫。如果自旋向下，猫就会活下去。在测量之前，电子的状态是叠加的。但当检测器被触发时，房间里没有任何人观察发生了什么。那么，波函数究竟崩溃了还是没有呢？在有人打开门往里看之前，这只猫是否处于既生又死的态叠加状态？

假设这只猫活下来了，我自己对于这个想法的发展涉及它的两个后代，我称它们为薛定谔的猫二代。[①]这两只薛定谔猫的同卵双生小母猫二代生活在完全一样的空间舱里，可以享受一切生活必需品，甚至还可以玩一些玩具。这两个空间舱由一根管子连通，管子中间有一个盒子，里面只放了一个电子，电子波均匀地填充了盒子。

① 粒子物理学家们已经采用了这个名字，并把它用于其他场合，这是他们的特权。

接着，人们在盒子里放入一个隔板，把盒子分成两个，并隔绝了两个空间舱。现在，每个空间舱都只与一个装着半列电子波的盒子相连，而且被分别送上了漫长的旅途，但方向相反，速度相等，直到它们相距两光年之后才停下。每个舱内都有一个检测器，监控电子是否存在。在一段时间之后（没有必要相同），一个自动装置打开了每个空间舱里的半边盒子。如果盒子里有电子，现在长大了的猫二代就会死，反之就会活着。但舱内没有智慧生命观察者，因此谁都不知道情况如何。那么，这两只猫二代都处于叠加状态吗？一艘路过的宇宙飞船中的智慧外星生命拿到了一个空间舱并观察内部，他看到的将是一只死猫或者是一只活猫。在这一刻，是不是在每个空间舱中的波函数都会崩溃，于是，外星智慧生命的观察决定了两光年之外的另外一只猫的命运？是的，不算非常出色的哥本哈根解释这样认为。

还可能有什么别的替代说法呢？还有不少，但你会发现，这些说法也和CI一样可笑。这些说法的排头兵是和哥本哈根解释同时出现的另一个解释，尽管它甫一出世就几乎惨遭玻尔扼杀，但它还是活了下来，并在后来的某一天发起了反击。

2

慰藉二

不见得非常不可能的导航波解释

在破解波粒二象性这一谜团时，下面这两种说法路易斯·德布罗意都不想采用：他既不想说电子这样的实体可以是波或者粒子（取决于你的观点），也不想说它同时是波和粒子。他认为，或许存在着两个不同的实体，即一个波和一个粒子，它们共同作用，造成了我们看到的实验现象。

德布罗意是量子力学中的波理念的一位先驱者，他认为，如果像爱因斯坦强调的那样，可以把过去人们认为是波的东西（光）视为粒子（光子），那就也应该可以把过去人们认为是粒子的东西（电子）视为波。这个想法很快得到了实验的证实，并促使薛定谔发明了波动方程。德布罗意当然应该深刻地考虑了这种波粒二象性的意义，玻尔曾在科摩会议上为后来人称哥本哈根解释的学说打下了基础，在同次会议上，德布罗意推出了他解决这一谜团的方案。

在许多方面，德布罗意的“导航波”解释都是说明波粒二象性最自然、最明显的方式。他认为，波和粒子都是真实的。就像在海中驾驭波涛的冲浪者一样，这种波（即导航波）引导粒子走向目的地。在双孔实验中，导航波分散，同时穿过两个小孔，自己相互干涉，形成干涉波的花样。在实验中发射的粒子有略微不同的初始速度或方向，因此其冲浪方向略有不同，但会随导航波在检测屏上形成干涉花样。我们可以测量粒子的性质，但我们永远无法测量波的性质，而只能通过粒子的表现推断它的存在，它在被发现之前一直隐藏着，后来人们称这种处理方式为“隐变量”理论。

我们可以通过一副洗得很好的扑克牌看到一个有用的类比。想象一副小扑克牌，小到了需要服从量子物理学定律的程度。现在让我们把它放进一个亚微观装置里，让你可以一次掀开一张牌观看花色。根据隐变量理论，当你揭开最上面那张牌时，你看到的花色是由这副牌具有的52种可能性随机决定的。你有50∶50的机会得到一张红牌，1∶52的机会得到梅花5，诸如此类。在你看到之前，牌的花色是隐藏着的，即使你看不到，它仍旧具有某种花色。在这种意义上，花色其实并不真的是变量！不妨假定第一张牌的确是梅花5，于是，在看到它之后，下一张牌绝不可能是梅花5，而看到红牌的机会是26∶51，如此等等。反之，哥本哈根解释则认为，在你看到之前，牌是没有花色的。是“看”这个行为，迫使它从可供选择的可能性中做出了决定。但无论哪种情况，如果你不断地把牌揭开，就将看到由概率决定的同一种随机模式：例如，你不会两次看到梅花5。这个实验并没有区分这两种解释，但人们在解释模式的形成方面有极大的分歧。

戴维·林德利（David Lindley）做了一个高尔夫球手在球场球洞区练习的类比。球手瞄准同一个洞，接连打了好多次，但由于他的击球手法不可避免地略有偏差，

路易斯·德布罗意
盖蒂图片社

每个球的运动速度和方向都略有不同，而且球场的表面平整也不是完美无瑕的。所以，每个球的运动方向都有微小差别，走过的距离也有微小差别。在球手打完了100个练习球之后，这些球分布在球场上，其分布模式取决于它们在上面滚过的草地的不平整状况。但原则上，如果你完全知道草地的确切状况和球的初始速度和方向，就可以确定这些球的最终位置。在这种意义上，导航波解释是决定论的，去掉了与波函数崩溃相关的概率元素，同时也去掉了波函数崩溃本身。在任何时刻，每一个粒子都有确定的性质。这就像一副洗得很好的扑克牌的情况一样，在我们揭开某一张牌观察之前不知道它的性质。

在科摩会议上，德布罗意详细地阐述了他的导航波观点，远不止我在这里给出的模糊讨论。1987年，在他题为《在量子力学中可说与不可说的》（*Speakable and Unspeakable in Quantum Mechanics*）一书中，处于事后聪明的有利条件的约翰·贝尔回顾了这一观点，他说："这一想法似乎如此自然而且简单，可以以这样一种清楚而又平易的方式解决波粒二象性的两难处境，但却有这么多人普遍漠视它，我觉得这简直神秘不可理解。”

实际上，这件事并没有多么神秘。首先，如上所述，在沃尔夫冈·泡利（Wolfgang Pauli）的协助与怂恿下，玻尔对德布罗意的这一想法大加嘲笑，用他们这一派的强大人格魅力和声望信誉碾压了缺乏自信的德布罗意，而不是通过他们的论证的合理性。但声望并不是一切，德布罗意的想法与其他隐变量理论被抛弃的第二个原因，是冯·诺伊曼认为这些理论不可能的错误“证明”。德布罗意放弃了推进他的想法的任何尝试，结果让物理学家们彻底忘却了他的想法。因此，50年代初，当美国物理学家戴维·博姆推出了一个类似的想法时，他对于在他以前的工作一无所知。这一点最初让他和德布罗意之间产生了一些摩擦，后者对于博姆没有引用自己的工作感到恼火，但这点冲突很快就烟消云散了，而在今天，人们经常称导航波的这个想法为德布罗意—博姆解释。

从我们今天的环境看，博姆发现导航波这一想法的由来特别有趣。作为一位年轻的研究人员，1951年初，博姆撰写的一部量子物理学教科书出版。众所周知，泡利会严厉批判任何智力低于自己的人（这意味着一切人），但就连他也对博姆在书中对哥本哈根解释所做的精彩阐述表示赞赏。爱因斯坦同样觉得，博姆对哥本哈根解释的说明达到了可能情况下的最高点，但他联系了博姆，强调了自己的观点，认为哥本哈根解释是错误的。博姆决定考查一下是否可以用其他方法解释量子世界中发生的情况，结果他很快就发现是可以的。他的导航波模型在数学上与哥本哈根解释等价，而且对量子问题也有与这一解释相同的回答。这一模型在本质上与德布罗意的模型相同，但在描述量子世界和经典世界的相互作用方面稍微向前发展了一小步。只不过他的模型是建立在隐变量的基础上的，而冯·诺伊曼曾说这种理论不可能成立。这是一个很重要的原因（此外还因为，至少在美国，博姆在麦卡锡政治迫害的年代被诽谤为共产主义的同情者），结果让许多物理学家对他的学说很不重视。因为他们认为，如果冯·诺伊曼认为不可能，那么这个模型中必定会有错误，但在物理学家中有一个重要的例外。

戴维·博姆

盖蒂图片社

1952年，约翰·贝尔在伍斯特郡马尔文的英国原子能研究所（UK Atomic Energy Research Establishment at Malvern，in Worcestershire）工作，并被遴选为一批青年科学家中的一个，得以享受一年的自由研究时间。于是他前往伯明翰大学（Birmingham University）工作与科研，并在研究量子理论的时候知道了博姆的导航波模型。他立刻采取了与大多数物理学家不同的观点：如果博姆的想法有效，而冯·诺伊曼说这不可能，那这必定说明冯·诺伊曼犯了错误。但遗憾的是，当时冯·诺伊曼的书只有德文版本，贝尔无法阅读，于是他只能回去从事自己的日常工作，设计粒子加速器，一直到1960年跳槽到了欧洲粒子物理实验室。到了1963年，冯·诺伊曼的著作被译成了英文，贝尔找出了其中的错误，并趁在美国带薪休假期间，撰写了有关论文。他也发展了自己的隐变量理论，进一步证明了冯·诺伊曼的错误。但如我前面所述，他证明，包括导航波理念在内的一切隐变量理论都是非局域的。正如他在旅美期间的一篇论文中指出的那样："是对于局域的要求，造成了诸如EPR悖论一类事物的根本困难，或者更准确地说，困难的出现，是要求对系统的测量不会受到它曾与之相互作用的远程系统操作的影响。”（或者，也确实可以说，这是造成我的空间猫二代悖论中的根本困难的原因。根据德布罗意—博姆理论，电子总是存在于其中一个半边盒子并且没有态叠加）在导航波解释中，一个明显地提出的要求是：在任何时刻，诸如一个粒子的速度或者它改变自己运动方向的方式这类性质，都取决于它与之存在相互作用的所有其他粒子在同一时刻的性质。

尽管我从来没有看到还有其他人指出了下面的联系，但上述论证让我想起了一个叫作马赫原理（Mach's Principle）的谜团。曾对爱因斯坦有影响的物理学家恩斯特·马赫（Ernst Mach）注意到了这个谜团，它其实从牛顿的时代起就让科学家们束手无策，它必定与惯性有关。如果你推某个物体，它会对抗你让它运动的力。我说的不是摩擦力，而是一个源于在空间自由漂浮的物体的理想化位置的作用。它将让物体保持静止或者匀速直线运动（这一点是罗伯特·胡克第一个指出的），直到受到外力作用时才会改变速度或者运动方向或者同时改变二者。但它如何知道应该怎样改变方向或者速度的呢？这一变化是相对于什么而言的呢？不需要很多观察，我们就可以发现，惯性代表着一种对相对于整个宇宙发生的运动变化的抵抗。

你用不着想象自己在太空中漂浮，就可以看出这个谜团的闪光之处。艾萨克·牛顿本人就曾在他的巨著《自然哲学的数学原理》（*Principia*）一书中描述过一个你可以在家里自己做的真实实验：他把一根从比较高的地方吊下来的很长的绳子拴在一个水桶的把手上，水桶中注满水。然后他一圈又一圈地旋转水桶，一直到绳子拧紧了，再也转不动了为止。接着他松开手，水桶就开始向反方向转动。但在开始时，桶里的水与原来一样保持水平，没有发生运动，水桶相对于水的运动没有影响水的运动状态。接着水也开始旋转，中间凹陷，形成了一个弯曲的表面。然后牛顿抓住桶边，让水桶不再转动。但这时桶里的水还在继续转动，水面保持弯曲的形状，接着旋转逐渐变慢，水面也渐渐变平了。水面的形状取决于水相对于一个神秘的固定参照系的运动，与它相对于水桶的运动无关；我们现在已经确认，这个参照系就是宇宙中一切事物的平均分布。实际上你甚至连水桶都不需要，也能看见整个宇宙对局域事物的影响：只要在你用勺子搅动一杯茶或者咖啡时，看看液体的表面就可以了！

就这样，宇宙中一切事物的平均分布为测量这样的变化提供了一个参照系。不知怎的，“局域”的物体受到了一切“非局域”的事物的影响。马赫原理告诉我们，一个粒子的惯性来源于这个粒子与宇宙中所有其他物体之间的某种相互作用。但这种相互作用究竟是什么，这一点长期以来一直是个谜，导航波解释和非局域性或许会解决这一谜团。

这导致了一个有趣的结论，它也在另一个解释（慰藉三）中占据重要地位。德布罗意—博姆导航波解释可以应用于整个宇宙，此时此地的一个单个粒子的行为，竟然取决于宇宙中所有其他粒子在这一时刻的状况。不过，对其中含义进行探索的最佳环境出现在第三个慰藉，即多世界解释中。但是，有人对博姆的理论做出了令人吃惊的评论。在我们开始慰藉三之前，值得在这里提及这个评论。它来自一个人们觉得会赞赏它的人，尽管爱因斯坦曾经怂恿博姆寻找一个哥本哈根解释的替代品，但他在1952年5月12日给马克斯·玻恩的信中这样写道：

你是否注意到，博姆相信（顺便说一句，如同德布罗意在25年前一样）他可以用决定论的形式解释量子理论？我觉得他的方式似乎太廉价了。

谁也不完全知道他这话是什么意思，但它强调了一切围绕着量子力学的解释的混乱情况。

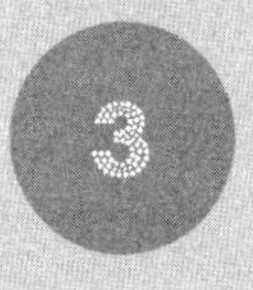

慰藉三

包袱过重的多世界解释

如果你听说过多世界解释（MWI），那你很可能会认为，这一解释是由美国物理学家休·埃弗雷特（Hugh Everett）于20世纪50年代中期创造的。这在某种意义上是真实的，他本人确实独立地提出了这个想法。但他却不知道，五年前，基本上相同的想法也出现在埃尔温·薛定谔的头脑中。埃弗雷特的版本更富数学性，而薛定谔的版本更富哲学性。但至关重要的一点是，他们两人都受到一个希望的驱动：必须驱除“波函数崩溃”这个想法，而且他们都成功了。

就像薛定谔生前愿意对每个乐于倾听他的人指出的那样，任何方程，包括他的著名的波动方程，都完全与崩溃无关。那是玻尔硬塞给量子力学理论的，想要用它“解释”为什么我们只会看到一种实验结果—— 一只死猫或者一只活猫——而非一个混合体，一个态叠加。我们确实只能检测到一个结果，即只能得到波动方程的一个解，但这并不意味着没有其他答案。薛定谔在1952年发表了一篇论文，他在其中指出，认为我们只要看一眼就会让量子叠加崩溃，这种想法实在可笑。他写道，波函数“应该由两种完全不同的方式控制，即多数时候由波动方程控制，但偶尔却可以由观察者的直接干预控制，而不是完全由波动方程控制”，这种说法“显然很可笑”。

尽管薛定谔本人并没有把他的想法应用于那只著名的猫的身上，但这个想法漂亮地解开了这个谜团。如果更新他的命名法，我们可以看到两个平行的宇宙，或者说世界；猫在其中的一个中活着，而在另一个中死去。当盒子在一个宇宙中打开时，人们看到的是一只死猫。而在另一个宇宙中，盒子里有一只活猫。但始终存在着两个世界，它们一直都完全一样，直到那台邪恶的装置决定了猫（们）的命运为止，波函数没有崩溃。1952年，薛定谔在都柏林（Dublin）生活与工作，他在那里说了一番话，预期了他的同事们对这种观点的反应。他首先强调，以他的名字命名的方程似乎描述了不同的可能性，但它们“并非不相容的选择，而是全都真的同时发生了”，然后他说：

（那位量子理论家）宣称的几乎每一种结果都与通常大批可能发生的事件的概率有关，这些事件通常有大批可能的选项。但他认为，有些人觉得这些可能事件并不是只能从中选一的现象，而真正是同时发生的，这种想法是愚蠢的，不可能的。他认为，如果自然定律会在（譬如说）一刻钟内变成刚刚说的这种形式，我们就应该发现，我们周围环境迅速地变成了一片沼泽，或者是一种毫无特征的果冻或者等离子体，所有的轮廓都模糊了，我们自己也很可能会变成水母。他居然相信这种观点，我觉得很奇怪。因为我明白，他认为，未曾观察到的自然确实是以这种方式表现的，也就是说，是遵守波动方程的。上述不同选项只有当我们观察的时候才起作用，这种观察当然不必是科学观察。但是，那位量子理论家似乎仍然认为，只是因为我们的考察或者观察，这才让自然界逃脱了迅速地变成果冻的命运……这种结论实在很奇怪。

实际上，没人回应薛定谔的想法。人们漠视了它，遗忘了它，认为它不可能。于是，埃弗雷特完全独立地发展了自己的多世界解释版本，而它也几乎被人完全漠视了。但是，正是因为埃弗雷特，引进了宇宙在面临量子选择时会“分裂”成为自己不同版本的想法，从而使情况在几十年间变得更为复杂。

埃弗雷特是在1955年在普林斯顿大学攻读博士学位时推出这一想法的，他这一想法的雏形是从他的博士论文的一份当时没有发表的草稿发展起来的。他在其中将量子面临的形势比作阿米巴变形虫分裂为两个子细胞的情况，如果阿米巴变形虫有大脑，每个子细胞都会记得完全相同的历史，一直到分裂的那一刻，然后才有了各自的独立记忆。在我们熟悉的猫类比中，在邪恶装置被触发之前，我们有一个宇宙和一只猫，然后就是两个宇宙，每一个里面都有自己的猫，如此等等。埃弗雷特的博导是约翰·惠勒，他鼓励埃弗雷特，要他在博士论文中为这一想法做出数学描述，同时也让他写了一篇论文，于1957年发表在《现代物理学评论》(*Reviews of Modern Physics*)上。在此期间，埃弗雷特放弃了阿米巴变形虫的类比，这一类比后来才发表。但他确实在文章中指出，因为永远不会有任何观察者知道其他世界是否存在，所以，任何人都会认为，因为我们看不到这些世界，所以它们就不存在的这种说法并不很合理，就像有人声称，因为我们感觉不到地球的运动，所以它不可能围绕太阳旋转一样。

埃弗雷特本人从未鼓吹过他有关MWI的想法，甚至在取得博士学位之前，他就已经接受了五角大楼对他伸出的橄榄枝，在武器系统评价小组（Weapons Systems Evaluation Group）供职，将名字听上去十分善良的数学技术——博弈论——应用于秘密的冷战问题上，并实际上淡出了学术界的视野。他的一些工作保密性极强，甚至时至今日仍未公开。直到20世纪60年代末，北卡罗莱纳大学（University of North Carolina）的布莱斯·德威特（Bryce DeWitt）才接受了他的这一观点并大力宣传，让多世界解释的想法取得了一些势头。德威特写道："每一个量子转化都发生在每一颗恒星上、每一个星系中、宇宙的每一个遥远的角落里，将我们在地球上的这个局域世界分裂成无数个自己的复制品。"但惠勒觉得这种说法实在太过分了，于是改变了他赞同MWI的初衷，并于20世纪70年代说："最后，我只好很不情愿地放弃了对这种观点的支持，因为我担心，这种观点现在肩负着过分沉重的玄学包袱。"①具有讽刺意味的是，就在这一时刻，人们正在通过宇宙学和量子计算中的运用复活并转换MWI的想法。

即使那些不愿意完全接受这一想法的人也开始欣赏这一想法的威力。约翰·贝尔指出，"人类当然会在世界上不断繁殖，而那些在某个特定分支内的人类只会经历

---

① 见H. 伍尔夫（H. Woolf）主编的《比例中的一些奇怪现象》（*Some Strangeness in the Proportion*）一书，艾迪生韦斯利出版社（Addison-Wesley），1981年。

在这个分支内发生的事情”，但同时他也不情愿地承认，这个想法或许有几分道理：

> 我觉得，这个“多世界解释”是一个似乎有些过分夸张，尤其是过分模糊的假说，我几乎认为它太愚蠢而不去理会它了。然而……情况似乎很明显：它有一些与“爱因斯坦—波多尔斯基—罗森悖论”有关的东西，而且我想，花一些精力，把它转化为更为准确的版本，看看情况是否果真如此，这样做是值得的。而且，存在着一切可能的世界，这或许能让我们对于自己的世界的存在感到更加舒服……在某些方面，我们的世界看上去非常不可能存在。[①]

MWI的准确版本来自牛津大学的戴维·多伊奇。其实，这一版本为薛定谔有关这一问题的想法提供了可靠的基础，但当建立自己的解释时，多伊奇并不知道薛定

---

① 《在量子力学中可说与不可说的》，剑桥大学出版社（Cambridge University Press），1987年。

谔的版本。多伊奇在20世纪70年代和德威特一起工作，并且在德威特于1977年组织的一次研讨会上遇见了埃弗雷特，这也是埃弗雷特唯一一次向大批听众展示他的想法。多伊奇确信MWI是理解量子世界的正确方法，而且他后来成了量子计算领域中的先驱。他能做到这一点，并不是因为对计算机很有兴趣，而是因为他确信，有效工作的量子计算机的存在将证明MWI理论是正确的。

这里，让我们回头讨论薛定谔的想法的一个版本。在埃弗雷特版本的猫谜团中，单一的一只猫一直活到了那台装置被触发的时刻，然后，整个宇宙就被分裂为两个。正如德威特指出的那样，与此类似，在遥远星系中一个面对着两条（或者更多条）量子路径选择的电子，会造成整个宇宙的分裂，包括我们自己。多伊奇—薛定谔版本认为存在着无穷多个宇宙（多元宇宙），对应于量子波函数所有可能的解。只要牵涉到猫实验，就会有许多完全等同的宇宙，其中有完全等同的实验者设置的完全等同的邪恶装置，这些宇宙一直到装置被触发前都是完全等同的。然后，一些宇宙中的猫死去了，而另一些宇宙中的猫活了下来，随后的过程也对应地有所不同。但是，平行宇宙之间永远无法相互交流，或许它们可以？

多伊奇认为，当两个或者更多的过去等同的宇宙在量子过程的逼迫下变得不同时，宇宙之间就会像双孔实验那样，出现暂时的干涉，但这种干涉会在宇宙进化过程中受到压制。正是这一相互作用，造成了人们在这些实验中观察到的结果。他的梦想，是目睹一台智能量子机器的出现，即一台计算机的出现，它能够监测在它的"头脑"中发生的与一些干涉有关的量子现象。利用相当微妙的论证，多伊奇声称，一台智能量子计算机将能记住在平行真实中瞬间存在的经历。现在我们距离实际完成这一实验还相距甚远，但对于多元宇宙，多伊奇也有一个简单得多的"证明"。

让量子计算机与传统计算机具有本质不同的地方是，这种计算机的开关以态叠加状态存在。传统计算机是用一批开关（电路中的元件）制造的，它们可以处于"开"或者"关"的状态，对应于数字1或者0，这让计算

戴维·多伊奇
盖蒂图片社

机可以通过操纵二元数码形式的数字串进行计算。人们称每一个开关为比特，计算机的比特越多，它的功能就越强。8个比特组成一个字节，今天的计算机内存以10亿字节为单位，叫作千兆字节，简写为Gb。严格地说，我们使用的是二进位数字，一个千兆字节是2^{30}个字节，但通常我们权当其中的字节数是10亿。然而，在量子计算机中的每一个开关都是一个实体，它可以处于叠加态。它们通常是原子，但你可以将其视为自旋向上或者自旋向下的电子。其中的差别是，在叠加态时，它们同时是自旋向上和自旋向下的，即同时是1和0。我们称每个这样的开关为量子比特（qubit）。

因为有这样的量子特性，所以每个量子比特相当两个比特。乍一看这没啥了不起，但其实确实很了不起。例如，如果你有3个量子比特，你可以用8种不同方式安排它们：000，001，010，011，100，101，110，111，所有这些组合都可以由叠加态涵盖。所以，3个量子比特并非等价于$2 \times 3 = 6$个比特，而是等价于$2^3 = 8$个比特，等价的比特数总是等于2的量子比特数次方。仅仅10个量子比特就会等价2^{10}个比特，也就是1024个比特，但通常说成一个千比特。像这样的指数式发展是非常迅速的。一个只有300量子比特的计算机将相当于一个功能超强的传统型计算机，它的比特数大于可观察宇宙中所有原子的数目。这样一个计算机会怎样进行计算呢？解答这个问题的要求现在更加紧迫了，因为结合了几个量子比特的简单量子计算机已经建造成功，而且其工作表现符合预期，它们的功能确实要比比特数相同的传统计算机更加强大。

多伊奇的回答是，计算将在对应于叠加态的每个平行宇宙中的等同的计算机上同时进行。对于一个有3个量子比特的计算机，那就会有8位处于叠加态的计算机科学家，他们使用完全相同的计算机，为同一个问题寻找答案。他们会用这种方式“合作”确实不会让人吃惊，因为实验者是等同的，他们以同样的推理方式，试图解决同样的问题，形象化地表现这一点不太困难。但如果多伊奇是正确的，则当我们最终建造一个有300个量子比特的计算机时（我们迟早会做到这一点），就会参与一场规模宏大的合作，卷入其中的宇宙数超过我们可观察宇宙中所有原子的数目。这样做是过于沉重的玄学负担吗？如何回答，决定权在你自己手中。如果你觉得确实如此，那就需要其他方法来解释量子计算机为什么能够工作。

大多数量子计算机科学家情愿不去考虑这些含义，但有一批科学家，他们习惯每天早饭前思考的问题甚至多于六件不可能的事情。这就是那些宇宙学家，他们中的一些人认同多世界解释，认为它是解释宇宙本身存在的最佳方式。

他们的出发点是薛定谔指出的一项事实，即方程中没有任何地方指出波函数会崩溃。而且他们确实指的是那个波函数，正是那个将整个世界描述为叠加态的函数，一个由宇宙的叠加形成的多元宇宙。

埃弗雷特的博士论文的第一个版本（后来在惠勒的建议下做了改动和缩写）的标题实际上是《宇宙波函数

理论》(“*The Theory of the Universal Wave Function*”)。[①] 而其中所说的“宇宙”确实是字面上的意思，文中说：

因为认为状态函数的描述具有普遍有效性，人们可以将状态函数本身视为基本实体，而且甚至可以考虑整个宇宙的状态函数。在这层意义上，我们可以称这一理论为“宇宙波函数”，因为一切物理现象应该都是仅仅从这一个函数出发的。

……对于我们现在的考虑来说，文中的“状态函数”是“波函数”的另一种叫法。“一切物理现象”指一切事物，包括我们，即物理学行话中的“观察者”。宇宙学家们因此感到很激动，不是因为他们也被包括在波函数中，而是因为一个单一的、不会崩溃的波函数，是可以用量子力学的观点描述整个宇宙、同时又仍然与广义相对论

---

① 文章最终发表在B. S. 德威特和N. 格雷厄姆（N. Graham）主编的《量子力学的多世界解释》(*The Many-Worlds Interpretation of Quantum Mechanics*）一书中（普林斯顿大学出版社，1973年）。

兼容的唯一方法。在发表于1957年的博士论文简写本中，埃弗雷特总结认为他对量子力学的构想“会因此成为对广义相对论量子化的一个硕果累累的框架”。尽管他的这个梦想迄今尚未实现，但从20世纪80年代中期开始，它却让理解了这个想法的宇宙学家们做了大量工作。不过，它确实带着沉重的负担。

宇宙波函数描述的，是在某一特定时刻宇宙中每一个粒子的状况，但它也描述了在那个时刻的那些粒子的每一个可能的位置。它同样也描述了任何其他时刻的每一个粒子的每一个可能的位置，尽管可能性的数量受到了空间与时间中量子颗粒状态的限制。在这些如此众多的可能宇宙中，一定会有许多宇宙类型，它们不可能让稳定的恒星、行星存在，也没有能让人在行星上生活的条件。但其中至少有一些宇宙或多或少地与我们自己的宇宙类似，其存在方式经常在科幻故事中有所描述，或许也确实在其他类型的小说中有所描述。多伊奇指出，根据多世界解释，在任何虚构作品中描述的任何世界，只要遵从物理学定律，都会在多元宇宙的某个地方真实存在。例如，确实会有一个《呼啸山庄》(*Wuthering Heights*)的世界，但不会有一个《哈利·波特》(*Harry Potter*)的世界。

故事还没有完，这个单一的波函数描述了一切可能时间内的一切可能的宇宙，但它并没有提及关于从一个状态向另一个状态变化方面的任何事情，时间并不流动。埃弗雷特的参数（人称状态矢量）非常有效，它包含了对我们存在于其中的一个世界的描述，其中有关这个世界的历史的一切记录都存在，从我们的记忆，到化石，一直到来自遥远星系的光到达地球的情况。也会有另一个与我们的宇宙完全等同的宇宙，除了时间步调比我们有所超前（譬如一秒钟或者一个小时，或者一年）。但没有任何迹象说明，任何宇宙会从一个时间步调走向另一个时间步调。在这个第二宇宙中会有一个“我”，由宇宙波函数加以描述。他有我从最初的时刻开始的一切记忆，加上进一步的一秒钟（或者一小时，或者一年，或者不管多久）的记忆，但我们不可能说“我”的这些版本和我是同一个人。不同的时间状态可以按照他们描述的事件排序，定义了过去与未来的不同，但他们不会从一个状态变为另一个状态，所有的状态只是存在着。在埃弗雷特的多世界解释中，按照我们惯用的方式考虑的时间不会流动。

然而，我认为，现在到了更换议题的时候了，我们将去寻求另一种慰藉，这一次是退相干。

慰藉四

不相干的退相干解释

为了进行退相干，首先必须有什么事物是相干的。物理学家们对于相干的意义有着清楚的理解，而退相干解释的拥护者们认为，事实上，正是相干让量子世界按照它固有的规律运行。

与平常一样，双孔实验清楚地说明了当前的状况。正在穿过两个孔传播的光波们（或者不管什么的波）最初来自单一光源，因此相互同步。那两个孔只是让相干波沿不同的路径发出，这些路径的不同长度影响了两列波相互作用的方式——它们在有些地方同步，在另一些地方不同步。波的上下运动具有固定的模式，这让它们可以用某种方式相互干涉，从而产生明暗相间的有规律的花样。如果两列波不相干（就像来自两支手电筒并且直接照射一堵墙的两束光那样），则不会出现干涉花样。干涉还是有的，但一切都混杂在一起，无法形成花样。根据退相干解释，正是当一切都混杂在一起的时候，“量子性”消失了。但首先，来自两支电筒的光永远不会相干，它们是不相干的。还有另一个有用的类比——就是你有时会在体育场馆里见到的“墨西哥波”。在场馆中，如果所有的人都随机地伸出胳膊挥舞，你看到的就只有在一片混乱中挥舞的手臂。但如果人人都在正确的时间举起与放下胳臂，和他周围的人做同样的动作，场馆里就将出现一个运动着的波。这个波是相干的，随机的挥舞是非相干的，所以，“退相干”这个术语在量子环境下并非完全贴切。称这个模型为量子力学的非相干解释或许更有道理，但热衷这个解释的爱好者或许会觉得，这个名字会给人们错误的印象！

如果那些爱好者们是对的，则量子世界和日常世界的边界将由相干性确定，而不是由尺寸确定。有关这一点，玻尔和他的同事们的表述肯定是有些模糊的。他们可以很有道理地认为，尽管单个的原子可以处于量子叠加态，但一个像猫那么大、那么复杂的物体肯定太大了，不可能处于量子叠加态。但在想象盒子里猫的变化的思想实验中，你需要把这个界限划在哪里？一只跳蚤是否足够大，能够知道它是死是活，或者是否处于量子叠加状态呢？一只细菌呢？谁也不知道。

有一个人接受了挑战，准备弄清是怎么回事。20世纪60年代后期和70年代，安东尼·莱格特（Anthony Leggett）在苏塞克斯大学（University of Sussex）工作，他决定设计一些实验来进行检测，看是否仍然可以用量子力学的规则描述所谓“宏观”物体的行为，即那些你可以拿在手中的物体或者更大的物体的行为。结果他开发了一批叫作超导量子干涉器件［Superconducting Quantum Interference Device（SQUID）］的仪器，原型SQUID的大小和一个婚戒差不多，所以你确实可以把它拿在手上，[1]但它必须在超低温下才能工作，因此在它

① 我曾这样干过。

进入工作状态时你不能拿着它。一旦电流开始在超导体中流动，它就可以永远不停下来，而这样一个围绕着SQUID器件流动的电流就可以通过电磁场监测与微调。这些实验表明，沿着这个环运动的电子波的表现像一个单个的量子实体，其大小大约是一个原子的两亿倍（当然比细菌大得多，甚至也比跳蚤大）。莱格特成功地实现了他的第一个目标，但还不仅如此。你或许觉得，这个波可以沿着一个方向在环内运动，或者是另一个方向，而不会同时沿着两个方向，那你就错了。人们在21世纪初所做的实验显示了在环内同时沿着两个方向运动的波，不是沿着相反方向运动的不同的波，而是同一列波同时沿着不同的路径运行，即一种态叠加。决定这个物体的量子性的因素不是它的大小，而是这列波是相干的这一事实。

从初期到现在，这份工作已经有了重大进展，其间为莱格特赢得了一份诺贝尔奖和一个爵士封号；人们也加大了SQUID的尺寸，让它作为人体产生的磁场的敏感检测器件而具有医学上的实用价值，而且它还是量子计

安东尼·莱格特

科学图片库

算机的潜在元件。但在本书中重要的是，它们是一个宏观例子，让我们看到波能在相干时表现出不同的量子态，而当它受热退相干时则不再能够表现量子性。用玻尔的语言来说，退相干似乎造成了“波函数的崩溃”。有些人因此假定，这一点直截了当地说明，退相干解释只不过是披上了另一件外衣的哥本哈根解释而已。但这种假定忽略了态叠加和量子纠缠在严格的退相干解释中扮演的关键角色。

态叠加和量子纠缠是同一个事物的两个方面。两个粒子在相互作用时发生纠缠，从此之后，无论其中之一发生了什么，都永远会影响另一个，它们现在实际上是一个单一实体。类似地，我们可以将同时沿着一个SQUID环的两个方向运动的单一波视为处于态叠加的两列相互纠缠的波，结果形成了单一的量子实体，是一列沿着两条而非一条路径运动的波。令人毫不吃惊的是，退相干解释与证明量子纠缠是对世界运行规律的有效描述的实验是在20世纪80年代同时出现的。那么，当一个“纯粹的”量子实体与外界相互作用并“退相干”时实际上发生了些什么呢？它的纠缠程度没有减小，而是增大了。让我们想象一个处于纯量子态的孤独粒子，在它与另一个粒子碰撞反弹（或者当它与一个光子相互作用）之刻，它就进入了量子纠缠状态。如果这两个纠缠实体中的任何一个与第三个实体相互作用，则所有三个实体都相互纠缠，它们的量子态相互叠加。量子纠缠扩散得比谚语中说的森林野火还快，因此实际上不存在与外界隔绝的“纯”量子系统（除了在SQUID实验这类非常特殊的情况下），而只有包括二者的纠缠系统，其中一个是与原有粒子和与其作用的一切事物相互作用的每一个事物的叠加，另一个是所有曾经相互作用过的一切事物或者曾经接触过的事物的叠加。“退相干”实际上牵涉到将整个世界（即宇宙）上的一切事物连接在一起，使之成为一个单一的量子系统的过程。我们检测的不再是曾经孤立的粒子的量子性，因为它与其他所有事物都混合在一起了。由此造成的非相干让人们非常难以阐明绝大多数事物的内在量子性，只有最简单的系统不在此列。数学家们会告诉你，要做到这一点或许在原则上是可行的，因为描述量子世界的方程是时间可逆的，但请不要屏住呼吸等待有人实施这个实验。

正如菲利普·波尔指出的那样，退相干很快便产生了一个非相干态，它等价于量子态的叠加，这些量子态的数目多于可观察宇宙中的基本粒子数。他问："如果在宇宙中没有足够的信息来解决某个问题，我们是否能够仅仅根据这一点认为，这个问题严格地说是无解的？"[①]波尔也估计了一个系统需要多长时间才能退相干。退相干在大物体上发生得更快，因为它们是由更多的物质组成，可以与其他事物以及本身发生相互作用。与一个以光速穿过相当一个质子直径的距离的光子相比，一个在空中飘浮、受到周围气体分子不断轰击的尘埃需要较短的时间退相干。甚至在星际空间中，尽管尘埃能够自由自在地飘浮，与它相互作用的除了宇宙的微波背景辐射光子别无他物，但它的退相干仍然需要大约1秒钟。"在一切实际上可能的情况下，退相干是瞬间完成的、不可

① 当然，戴维·多伊奇完全不认为这是一个问题！但这个慰藉主要讲的是退相干，不是MWI。

避免的。”这一点也适用于薛定谔的著名的猫。为了“同时处于生与死的状态”，这只猫必须在一种极为不可能的纯量子相干态上接受一些“准备”。在纯量子态准备一个SQUID器件是一回事，但对一只猫这样做则是非常不同的另一件事。而且，如果我们确实这样做了，它就会退相干，或者成为死猫，或者成为活猫，而且做得比在空中的一粒尘埃的退相干更快。

这也让反对哥本哈根解释的一条哲学论点土崩瓦解。在表面上，哥本哈根解释说的是：在观察或者测量之前，“任何事物都不是真实的”，诸如在盒子里的猫这类事物可以存在于叠加态中。对此，反对这个想法的人问，在没有什么人看着月球的时候，它是否存在？或者说，它是否存在于一切可能的量子态的叠加状态下？从这种意义上说，在地球上有了生命之前，月球是否存在？对此玻尔没有令人满意的回答。退相干解释有，来自宇宙微波背景辐射的光子完全能够造成退相干，让月球成为“真实”，更不要说太阳光中的光子了。

即使到了这里，退相干的故事也还没有结束。有些人不仅把这个想法应用于此时此地（无论“此时此地”在纠缠的宇宙中意味着什么），而且把这种思维方式应用于宇宙的整个历史——或历史们——上面。过去，一致历史解释（Consistent Histories Interpretation）曾经是独立其他解释的一种解释，而现在成了退相干历史解释（Decoherent Histories Interpretation），但我现在将从这种解释的“一致性”方面开始。

这就要重新提及如下想法：我们对量子世界或者整个世界的了解，仅仅局限于我们能够看到与测量的事物。在做一次实验之前，我们只能计算这个实验的不同结果的概率。但一旦我们做出了测量，我们就获得了一个确定的结果，也就在某种意义上在所有概率中做出了选择。一致历史解释的论点是，无论这一测量有任何结果，也就是说，无论在世界上发生了任何事情，它都必须与过去一致，与历史一致。因此，当我们看到双孔实验中产生的干涉花样时，我们能够就这个花纹说的就是：这个花纹是与刚刚穿过孔并相互干涉的波一致的。当光从金属表面上击出一个电子时，我们只能说，这一事件是与光以粒子的形式到达一致的。

人们广泛地讨论了所有这些说法的宇宙学含义，其中最引人注目的是斯蒂芬·霍金（Stephen Hawking）及其同事们的工作。以量子力学的观点，霍金把试图理解宇宙起源的传统方式描写为“倒置”法。也就是说，我们以猜测宇宙之初可能看上去像什么样子作为开始，认为那是一种波函数叠加的方式，并试图弄清它是如何从那种状态走到了我们今天见到的这种情况的。他更喜欢的方式是所谓“从上而下”法，这时你从宇宙今天的情况开始，以一致的方式向回倒推，用以决定哪种波函数对宇宙起源有贡献。

麻烦的是，要达到我们观察到的结果，可能会有而且通常有不止一种方式，即不止一种一致的历史，通过这种方法无法揭示一个独一无二的“宇宙的历史”。在使用电子的双缝实验中，如果一个电子到达检测屏上确定的一点，我们就无法说出它原来来自哪个孔。这两种历史都与我们的观察一致，而整个世界要比双孔实验复杂得多，于是，可供我们选择的一致历史就多得多。我还会再次讨论这一点，但首先，退相干是在什么地方进入这个故事的？

如果每一个测量结果或者每一个量子相互作用都可以从大批可能的历史中做出选择，那么我们就可以在想象中逆向推演，一直推演到宇宙大爆炸（甚至可以推演到更早的时候，但我在这里不会这样做），并用退相干（因为情况就是如此）的标准选择那些一致的历史。在开始的时候，任何情况都是可能的。但一旦有量子相互作用发生，有些可能性就可以排除了，不同宇宙的种类也就减少了。也就是说，一致的过去的宇宙范围减少了。这一过程持续到现在，从大量的可能性中选择我们的宇宙的历史（但关键是不仅仅是我们的宇宙）。退相干历史方法没有选择出一个独一无二的宇宙，通过不同的方式，我们得到了一个多世界解释的变种。

用退相干的方法将多世界的想法转化为“多历史”的想法，这种可能性似乎让一些物理学家去掉了许多同样真实的平行宇宙的包袱，而用不同的历史取代，后者只存在于幽灵般的概率状态中。但到了20世纪90年代中期，人们清楚地看出，事情并非如此简单。李·斯莫林参加了一次会议，聆听了费伊·道科尔（Fay Dowker）有关概率的讨论，此后，他在加拿大圆周理论物理研究所（Perimeter Institute in Canada）工作时突然顿悟，并在他题为《量子引力的三条道路》（*Three Roads to Quantum Gravity*）的书中描写了其中的收获：[①]

我们观察到的是粒子在其中有确定位置的“经典”世界，它可能是这一理论的解决方案描述的一致世界中的一个。尽管如此，道科尔和安德里安·肯特（Adrian Kent）的结果表明，一定也会有其他无穷多个世界。而且，过去也曾有无穷多个一致的世界，它们一直到不久前还都是经典的，但在5分钟之后便与我们的世界毫无相像之处。更加令人不安的是，甚至有一些现在仍然是经典的世界，但却与过去曾在任何一瞬间曾经是经典的（世界）叠加，混合在一起……如果一致历史解释是正确的，

① 维登费尔德和尼克尔森出版社出版（Weidenfeld & Nicolson, London），伦敦，2000年。内容艰深。

我们现在便没有理由根据化石的存在推断，在一亿年前，恐龙曾经在这颗行星上漫游。

一切历史都是同样真实的，而我们认为是我们的世界的“这个”历史取决于我们对这个世界提出的问题。当我们用电子做实验时也会经历完全相同的情况：如果我们寻找波，就会看到波，但如果我们寻找粒子，就会看到粒子。如果我们寻找过去恐龙存在的证据，那就会发现一个与恐龙在过去存在过一致的历史。这并不一定意味着过去“确实存在着”恐龙，而只是今天的世界状态与过去存在着恐龙的可能性一致。正如斯莫林所说的，我们有“一个历史，我们在其中设置了答案，但没有提出问题”。

并不是所有人都有同样的情况，而是根据各人的品位，你或者把退相干解释视为哥本哈根解释的一种形式，或者是多世界解释的一种形式。即使这些解释都不合你的品位，你也不必担心，或许你会在系综解释中得到慰藉。

5

慰藉五

系综无法解释

系综解释是哥本哈根解释最早也最简单的替代物，而且是阿尔伯特·爱因斯坦喜欢的，他说：

想要将量子理论构思为一个对各自独立的系统的完整描述，这种尝试会导致不自然的理论解释，但如果人们接受一种综合描述一切系统而不是分别描述它们的解释，这个问题就不会存在。[1]

---

① 见《阿尔伯特·爱因斯坦：哲学家—科学家》（*Albert Einstein: Philosopher-Scientist*），P. A. 席尔普（P. A. Schilpp）编，哈珀与罗出版社 (Harper & Row)，纽约，1949年。

供职于加拿大西蒙弗雷泽大学（Simon Fraser University in Canada）的莱斯利·巴伦坦（Leslie Ballentine）是这一理念的一位重要的现代倡导者，他解释说，爱因斯坦“对许多物理学家接受或至少心照不宣地接受的解释的批评是：量子状态（波）函数没有描述个别系统，而是描述了类似系统的总和”。但这种“解释”完全没有真正解释任何东西，它只不过说，有关量子世界，任何看上去离奇的一切都可以用统计的观点解释，因此人们有时称其为统计解释。它更像一个在犯罪现场对旁观者群下令的警察：“这里没啥好看的，请离开。”

统计讨论的是各个系统的整体，但在听到统计这个术语时，大部分人脑子里跳出来的字眼并不是整体。在日常生活语言中，一个整体是一组具有共同性质的事物，或者一组一起工作的事物，如乐器中的弦的整体。对一位统计学家来说，一批600个完全相同的骰子可以组成一个整体，而如果人们同时抛掷所有这些骰子，则根据概率论的定律，我们将预期见到差不多100个6，100个5，100个4，100个3，100个2和100个1。但我们也可以通过另一种方式得到同样的统计结果，那就是用一个完美的骰子，连投600次。你会预期出现大约100次6，100次5，如此等等，量子物理学家们指的就是这种整体。一盒子气体分子不会组成这种意义的整体，但许多盒接受同样实验的完全等同的气体是这样的整体。在理想情况下，你会在同一个粒子身上多次做完全相同的实验，并监测每次这种“测试”的结果，那就是一个整体，其结果会遵守符合马克斯·玻恩开发的规则的概率分布。

执行这样一份理想化实验将是非常困难的，但问题并不在这里。比如说，如果我们考虑的情况不是100万个电子同时穿过双缝实验装置，然后在另一侧受到检测，而是同一个电子反复穿过缝隙，总共100万次，而在它每次穿过缝隙之后，我们都会记录它在另一侧屏上到达的位置。这个解释的推崇者喜欢的关键之处是，这些粒子的意义永远与人们在日常生活中使用的时候相同。没有把波函数应用于不同的粒子，因此，每个不同的电子（举例来说）确实是自旋向上或者自旋向下的。但如果你使用许多电子，则在其他条件等同的情况下，检测每个电子，便会发现它们自旋向上和自旋向下的概率是五五开。这就没有什么波粒二象性，没有态叠加，也没有同时活着与死去了的猫。当然，用同一只猫至少做100次这样的实验不大可能，但如果你一个接一个地用100只猫做实验，则根据系综解释，它们中一半会活着，另一半会死去，但没有任何一只会处于叠加态。

听起来很诱人，常识。但正如尤安·斯夸尔斯（Euan Squires）指出的那样，我们绝不能“宣称我们已经解决了（解释）这个问题。我们只不过忽略了它们……不同的系统确实是存在的”。但它实际上应该如何解释呢？就像量子理论经常出现的情况一样，一旦你试图弄清楚，当人们研究系统（现在是其整体）或者当它与外界相互作用时究竟发生了什么，这时情况就会变得更加混乱。准备一个系统会带来某种程度的随机性，而观察它则会造成另一层随机性。我们又回到了系统在什么地方结束、外界在什么地方开始这个问题上了，就像在退相干解释中，量子纠缠遍布于整个宇宙。人们有时会提出一个有关系统与外界相互作用的例子来支持系综解释，这就是所谓“受到观察的烧水锅”实验。

这个理念的关键是，尽管量子物理学的方程描述了在一种或另一种状态下找到一个系统的概率，但它们完全没有提到系统从一个状态向另一个系统转化的情况。方程完全没有描述“波函数的崩溃”，也没有任何实验发现过正在崩溃的波函数。回到1954年，当时艾伦·图灵[①]指出，一个一直“受到观察”的量子系统永远不会有变化。他写道：

使用标准理论很容易证明，如果一个系统以某种可观察的本征态[②]为初始态，而且对这个可观察系统每秒钟测量N次，那么，即使这个状态不是静止状态，则在一段时间后，譬如一秒钟后，当N趋于无穷时，系统进入静止状态的概率也会趋近于1；也就是说，持续观察会

① Alan Turing，1912—1954，英国计算机科学家、数学家、逻辑学家、密码分析学家，人们将他视为计算机科学与人工智能之父。——译者注

② 一种对应波动方程单个数值的量子力学状态。

阻止运动。[1]

物理学家们试图用各种方法解释这一点，下面是其中之一：想象一个处于有良好定义的状态的系统，它的概率波向外散布，这增加了人们发现它处于其他状态的概率。如果你等待很长一段时间之后再次观察，就很可能会看到它处于不同的状态。但如果你很快就再去看，则可能会因为时间不够，其概率值还来不及改变，所以它还保留原有的状态。它不可能处于中间状态，因为中间状态是不存在的。因此，波必须从原来的状况再次开始向外扩散。如果观察得过于频繁，它的状态就永远不可能改变。如果你不断地看，量子这口锅里烧的水就永远也不会沸腾。这就是图灵的预言，现在人们正在用实验进行检验。

这些实验有不同的方案，典型的设想是，这口“锅”

---

① 安德鲁·霍奇斯（Andrew Hodges）引用于《艾伦·图灵：一位伟大思想家的生平与遗产》（*Alan Turing: Life and Legacy of a Great Thinker*），哈钦森出版社（Hutchinson），伦敦，1983年。

是由铍一类元素的几千个离子组成的，受到电场和磁场的禁锢。一个离子是一个原子失去至少一个电子后形成的，带有正电荷，因此易于用这些场操控。可以通过让这些离子处于某种能量态来制备它们，它们“总想”逃离这个状态，跃迁到能量较低的状态上去。人们可以用一种包含激光器的微妙技术监测这个系统的状态，弄清楚在一段时间后有多少离子通过这种方式发生了衰变。

在一个典型的实验中，半数离子在128毫秒之后衰变。但如果激光器在64毫秒之后“观察”系统，则只有四分之一的离子衰变。如果激光器每隔4毫秒照射一次，在256毫秒内照射64次，则差不多所有的离子都还处于初始状态。按照对应于波函数的概率，“锅”之所以没有“烧开”，是因为在4毫秒内，一个离子完成跃迁的概率只有0.001%，因此99.99%的离子都只能继续留在初始状态上。同样的规律对于每4毫秒一次的观察都有效，相邻两次观察之间的时间间隔越短，这一效应就越强。波函数永远不会在被观察时崩溃，那为什么有人预期它会崩溃呢？巴伦坦认为它不会崩溃，而这正是支持系综解释的实验证据。

但是，系综解释还是有个大问题。它特别指出，波函数无法应用于个别量子实体，而且根本不存在态叠加这类事物。但实验科学家现在对电子这类个别量子实体的操作已经是家常便饭，比如在量子计算这类情况下，它们看上去遵守波函数的描述，而一个SQUID环似乎能够表现出一种宏观的单一量子实体的性质（一列电子波同时向两个方向运动），即处于态叠加状态。我曾以为这是这种解释的死刑判决书，但李·斯莫林成功地让它转世投胎。

系综解释的这种新版本完全接受了非局域概念，现在有实验证明，非局域是宇宙的一个关键特点。爱因斯坦很可能不会为他赞赏的这种解释的变形感到高兴，但斯莫林非常喜欢它，并以自己独特的厚颜无耻方式，称之为“真正系综解释”（REI）。两种解释的关键差别在于，在传统解释中，整体的各个成员实际上不都是同时存在的，而在斯莫林的新版本中，它们全都同时是真实存在的。我们必须首先解释这一学说的一条行话，以便更简洁地说明斯莫林的观点。人们称一个整体的组成部分（譬如说氢原子）为“比布尔”，因为它们可以是任何东西。但如果抛掷一个骰子600次而不是同时抛掷600个骰子，则它们并不是全都同时存在的。我将按照斯莫林的说法，称这种想法为REI，其中说这些形成整体的比布尔真的是同时存在的，就像同时抛掷600个骰子的情况，而不像先后抛掷一个骰子600次的情况。在任何给定时刻的任何量子系统都处于某个真实状态，具体的状况由比布尔的值决定。

斯莫林从一个合理的原理开始，即假定：任何能够影响宇宙中的一个真实系统的行为的事物，其本身必须是在宇宙中的一个真实系统。他说，“想象存在着一种幽灵式的方式，可以让‘可能的事物影响真实的事物’”，这是无法接受的。例如，在导航波解释中，波是宇宙的一个真实特点，是一种比布尔，而不是某种幽灵式的“概率波”。但这与斯莫林提出的另一个假设，即在自然中无论如何都不应该存在一种“没有反作用的作用”是矛盾的，这是对经典的牛顿定律（作用力与反作用力大小相等方向相反）的一个推广。在导航波解释中，波影响了粒子，但粒子没有影响波，它没有反作用。但在斯莫林的系综图像中，一个整体的所有比布尔都相互影响，产生了像我们在双孔实验这样的实验中看到的行为。而且，如果整体的每一个组成部分都是真实的，就没有理由认为，它们之间无法出现新的（即我们尚未发现的）相互作用。

他举了一个例子，其中氢原子处于最低能量状态，即基态。在宇宙中有一个由这样的氢原子组成的整体，是一个由真实的比布尔组成的真实的整体。这个整体的组成部分以一种非局域的方式相互作用，其中的比布尔根据与这些量子状态结合的概率规则相互复制状态。复制过程的概率并不取决于这些成分在空间的位置，而是取决于比布尔在整体中的分布。所以，量子统计学可能会提供一个能让氢原子处于基态的位置的名单，但不会告诉我们，哪些氢原子处于哪些位置。斯莫林可以用数学方法证明，只要有了几个有关比布尔对相互作用的简单规则，这个过程就可以产生人们观察到的一切量子系

李·斯莫林
尼尔·巴里克特（Nir Bareket）摄

统的行为，而且它也可以解释诸如猫和人这类事物无法处于叠加态的原因。

斯莫林说，量子力学可以应用于宇宙的小的子系统中，它们以许多复制件的形式出现，一如处于基态的氢原子。但像猫和人这样的宏观系统在宇宙的任何地方都没有复制件，因此它们不会受到牵涉量子比布尔之间的相互作用的复制过程影响。从这种意义上说，它们不与任何事物相互作用。

这里有许多有趣的含义。首先，宇宙必须是有限的。在一个无限的宇宙中，你将会有无穷多的复制件，于是斯莫林的方程描述的相互作用会影响你，而你将会像一个量子粒子那样表现！其次，根据他的简单数学规则，斯莫林除了能够推导薛定谔方程，也能够推导作为量子力学的近似的经典力学定律，如牛顿定律等。但他觉得，量子力学本身是某种对于宇宙的更深刻描述的近似（确实，这正是让他蹚这趟浑水的真正动机），而且甚至更进一步建议，如果情况属实，速度高于光速的真正信号或许会出现。我们尚未得到终极理论的一个强烈暗示是：

如你可能已经注意到的那样，比布尔之间的相互作用似乎意味着，存在着一个独一无二的宇宙时间，它让这些相互作用可以同时发生，它将要求推广相对论。[①]他说：“量子物理学必定是以不同形式建立的宇宙学理论的一种近似。”要寻找那些隐藏着的重要定律，人们或许需要进行某些实验，它们牵涉一些很可能在宇宙中数目较少的复制品中存在的系统，位于微观与宏观世界的分界线上。很有可能，有关量子计算机一类事物的实验会告诉我们，它们在宇宙中是否有复制品。或许确实存在着一些可观察的效应，它们出现的原因是对取决于整体大小的量子物理学的修正。

如果这一切听起来实在不可思议，则请注意斯莫林提醒我们回忆的一件事。人们在一段时间里觉得，认为太阳会影响行星的运动，这一点实在不可思议，因为这会涉及距离遥远的事物间的奇怪行为。如前所述，甚至连牛顿都没有试图解释这种影响的机理，而是做出了著

---

① 供参考：有些理论工作者认为，在广义相对论中有一种对于同时性的更好的确定方法，但那里的内容过于艰深，不适于在这里讨论。

名的评论“*Hypotheses non fingo*”，即“我不做任何假定”。只不过在一百多年之前，有人用一种“新的”相互作用解释太阳与行星之间的相互影响，就是用我们现在称之为广义相对论的学说来描述这种影响。REI涉及比布尔之间的一种新的非局域相互作用，但与广义相对论造成的震动相比，REI应该不会造成同样的惊恐。非局域性或许对非物理学家们如同幽灵，因为他们对此不习惯，但对越来越多的物理学家们来说，他们对此的接受程度不亚于引力。不管怎么说，早饭前没有多少需要消化的东西了，无视空间的相互作用形成了这个世界的特点。但那些无视时间的相互作用又将如何？我们能否从中寻求慰藉？

慰藉六

无视时间的相互作用解释

量子力学的相互作用解释（TI）植根于一个有关光的本质的谜团之中，它曾经让爱因斯坦感到兴趣。因为它的令人迷惑之处是光的本质，而后者让爱因斯坦发展了狭义相对论，单是这一点就值得人们重视。狭义相对论之所以得以建立，是因为爱因斯坦认识到，描述光以及所有电磁辐射行为的方程告诉我们，光速对所有人都是相同的，是一个现在用c这个字母表示的常数。如果你用手电筒照我一下，而我正站在离你不远的地方，我会测出光速为c。但即使我飞快地向你冲过来或者离你而去，我测得的来自手电筒的光的速度仍然是c。根据这个简单的事实，爱因斯坦发展了相对论。

人们称前面所说的方程为麦克斯韦方程组，是用发现它们的19世纪物理学家的名字命名的。这个方程组告诉了我们许多事情，其中包括光的速度对任何观察者来说都是一样的。但詹姆斯·克拉克·麦克斯韦（James Clerk Maxwell）的方程组还有另一个奇异的性质，它们是相对于时间对称的。对于任何涉及电磁辐射的问题，例如来自运动电子的辐射，方程组都有两个解，其中之一描述一个所谓“延迟”波，它来自光源，沿着时间的正向向外运动，会在外界的什么地方被吸收。而另一个则描述了一个“先行”波，来自外界吸收了光辐射的物体，并将汇聚在我们认为是来自未来的光源的地方（在这个例子中就是那个运动电子）。绝大多数物理学家都淡然漠视了这个“先行解”，但爱因斯坦于1909年说：

在第一种情况下，电场是根据产生它的过程的总和计算的，而在第二种情况下，是根据吸收它的过程的总和计算的……我们可以使用这两种表述，无论在我们想象中的那些吸收光的物体的距离何等遥远。因此我们不能得出结论，认为（延迟解）要比（包含相等份额的先行波和延迟波的）解更为特殊。[①]

无论在我们想象中的那些吸收光的物体的距离何等遥远，这不仅是对电子与其相邻电子的相互作用有效的结论，而且是具有更为广泛的适用性的结论，例如适用于从地球跨越宇宙传播的电视信号。描述这一过程的方程永远包括一个描述来自宇宙，并向信号播送塔汇聚的先行波的解。在这里，有一个对另一种（或者是同一种）非局域性的暗示，这一点我们前面已经提到，但当然，1909年的爱因斯坦没有想到这一点。

20世纪40年代，理查德·费曼在普林斯顿大学做研究生，他是重视这一想法的少数几个人中的一个。在论文导师约翰·惠勒[②]的鼓励下，他发展了一个理念，即

① 见《阿尔伯特·爱因斯坦文集》（*The Collected Papers of Albert Einstein*）第二卷，A. 贝克（A. Beck）和 P. 阿瓦斯（P. Havas）编，普林斯顿大学出版社，1989年，也曾由约翰·克拉默在《量子握手》（*The Quantum Handshake*）一书中引用。见参考书目。

② 同一个约翰·惠勒，他长期的职业生涯令人印象深刻。

当一个电子与另一个带电粒子相互作用时，一个半波将同时走向未来与过去。当这个半波与另一个带电粒子相遇时，另一个粒子将发出它自己的半波，顺着时间前进与逆着时间后退。但在费曼的这一理论版本中，这两个半波发生了干涉，相互抵消，只在两个粒子中间的空间相互加强，形成了一个完整的波。他在普林斯顿大学就这一课题发表了一次讲话，著名的听众中包括爱因斯坦和沃尔夫冈·泡利。泡利说他觉得这个想法无法奏效，并问爱因斯坦是否同意他的观点。“我不同意，”爱因斯坦说，“我只是觉得，很难找到一个与之对应的引力相互作用理论。”

尽管得到了爱因斯坦的认可，但这个想法没有多少活力，因为人们简直无法“相信”波会来自未来。到了50年代，当时还是研究生的约翰·克拉默（John Cramer）偶尔接触了费曼的想法，并立即对它发生了兴趣。20世纪70年代末，在西雅图华盛顿大学（University of Washington in Seattle）任教的克拉默突然灵光一闪，意识到可以怎样让这个想法与量子力学结合。与许多好的想法一样，一旦有人点明了关键所在，所有人都茅塞顿开。

克拉默当时考虑的是，当人们在一个确定的位置上检测到了一个与某个量子系统结合的粒子时，在这个量子系统中的概率波会发生些什么，这就触发了他的灵感。在这一时刻，所有其他地方的波是如何“知道”自己应该消失的呢？他用从佛罗里达海滨向大西洋投入的一个瓶子作为类比。把这个瓶子想象为一个量子瓶子，它在跨过大洋向欧洲扩散的波涛中消失了。后来，这个瓶子出现在英格兰的一处海滩上。在那个时刻，横跨整个大洋的波全都消失了。克拉默意识到，在所有这些地方，先行波与延迟波都必定有过量子“握手”，而且只有能够造成先行波“回音”的延迟波才能影响粒子的位置——这就是它们从A向B（或者从一个能级向另一个能级）的神秘的量子力学转移，不需要实际跨越空间。来自英格兰的量子瓶子的波已经即时回转佛罗里达，在整个大洋中建立了一个独一无二的联系，抵消了其他的波。克拉默认为，这个模型看上去与导航波模型非常相像，后者带有让粒子知道应该到什么地方去的波，但关键的是，导航波没有量子握手这个对于时间逆转的证明。

这也解释了EPR谜团，两个粒子一旦有过相互作用，就会永远通过它们之间的握手和它们的作用发生的地点相互联系。克拉默认为，所有这些都与薛定谔的著名方程的正确（在克拉默看来）描述一致。[①]

为了将吸收体理论中的想法应用于量子力学，你需要一个量子方程，它能像麦克斯韦方程组那样有两个解，其中一个相当于一个向未来流动的正能量波，而另一个则描述一个向过去流动的负能量波。乍一看，薛定谔的方程并不符合这一要求，因为它只描述了一个单向流动。但正如一切物理学家都从大学中学到（但大部分人很快就忘记了）的那样，这一应用极为广泛的方程的版本是不完备的，正如那些量子理论的先驱们自己意识到的那样，它没有考虑到相对论的要求。这一点在大多数情况下无关紧要，因此学物理的大学生们，甚至大多数使用量子力学的人，都高高兴兴地使用这个方程的简易版本。

---

① 以下一节是从我的另一本书——《薛定谔的猫二代》的内容改编而来的。

但波动方程的完整版本充分考虑了相对论效应，它与麦克斯韦方程组相像得多。尤其是它有两套解，其一对应于我们熟悉的简单的薛定谔方程，而另一个则对应薛定谔方程的一个镜像，描述了流向过去的负能量。

这一二象性最清楚地表现在量子力学环境下的概率计算中。一个量子系统的概率是由一个叫作状态向量的数学表达式描述的，这个向量是用薛定谔的波动方程描述的。这个向量通常是一个复数，一个复数是一个与-1的平方根有关的数，后者写作i。如果a和b是平常的数字，（$a + ib$）就是一个复数，（$a - ib$）也同样如此。概率计算需要得出在一个特定时间和特定位置找到譬如一个电子的概率，它实际上取决于计算对应于电子的这一特定状态的状态向量的平方。

但计算复变量的平方并非简单地让复变量自乘，反之，你必须得出另一个变量，它是原来的复变量的一个镜像版本，人称复共轭。得出它的方法，是改变虚数部分前面的符号：如果原来是+，则把它变为-，反之亦然，于是，（$a - ib$）就是（$a + ib$）的复共轭，让这两个复数相乘便得到了概率。但对于描述一个系统如何随时间变化的方程，这个改变虚数部分的符号得到复共轭的过程，就等价于逆转时间的方向！早在1926 年便由马克斯·玻恩发展了的基本概率方程本身，就清楚地指出了时间的本性以及存在着两种薛定谔方程的可能性。其中一种方程描述先行波，另一种方程代表延迟波。

其中引人注目的含义是，自从1926年起，每当有物理学家得到了简单的薛定谔方程复共轭，并用它计算量子概率，他们实际上就一直在不知情的情况下考虑方程的先行波解，以及逆时间流动的波的影响。克拉默的量子力学解释中的数学完全不存在问题，因为这种数学一直到薛定谔方程，都与哥本哈根解释使用的完全一样，它们之间的差别实际上只在于解释。

为了描述一个典型的量子相互作用，克拉默采用了描述一个粒子与另一个在时空中其他位置的粒子握手的方法。他以一个电子辐射的电磁辐射被另一个电子吸收这种想法为出发点，但这种描述对于另一种情况同样有效，即由于相互作用，一个量子实体的状态向量在开始时处于一种状态，而在结束时处于另一种状态。例如，从双孔实验装置一边的粒子源发射的一个粒子，它的状态向量会在它在装置的另一边被吸收时发生变化。

用普通语言做这类描述的困难之一，是如何处理在时间上朝两个方向进行的相互作用，而按照日常世界的钟表的标准，这些作用都是同时发生的。克拉默实际上站在时间之外，并使用了某种伪时间描述的语义学工具，有效地完成了这一工作。虽然这只不过是一种语义学工具，但它帮助了大部分人，让他们直接在心中得到了图像。

它的工作原理是这样的：在这个图像中，当一个量子实体（发射体）与外界相互作用时，它试图通过产生一个场来做到这一点，这个场是流向未来的延迟波和向过去传播的先行波的时间对称混合。为了得到发生的情况的图像，第一步是不理会先行波，而去追踪延迟波的情况。延迟波流向未来，直到它与一个实体（吸收体）相遇并与之相互作用为止。相互作用的过程让第二个实体发出了一个新的延迟场，它与第一个延迟场完全相互抵消，于是，在吸收体的未来出现的纯效应中不存在延迟波。

但吸收体也产生了一个负先行波，它的运动方向是追踪原来的延迟波的路径，逆时间朝向发射体。这个先行波被发射体吸收，让最初的实体发生了反作用，结果它向过去辐射了第二列先行波。这个“新的”先行波与“原有的”先行波完全抵消，结果，在原有的发射出现之前便不存在向过去的有效辐射。留下的一切是一个连接了发射体和吸收体的双波，让延迟波的一半携带正能量进入未来，让先行波的一半携带负能量进入过去（沿着时间的反方向）。

因为负负得正，所以这列先行波加入了原来的延迟波，就好像它也是一列从发射体向吸收体运动的延迟波。负能量和负时间结合，形成了沿着正时间方向流动的正能量，用克拉默的话来说就是：

可以认为，发射体发出了一列流向吸收体的“邀请”波。吸收体则向发射体发出了一列“接受”波，而转化则通过时空中的一次“握手”完成。[1]

但这只是根据伪时间观点观察的事件顺序。在真实情况下，这一过程是不受时间限制的，它们都是即时发生的。

“如果在事件链上存在着某种特定联系，则这种情况是特殊的，”克拉默说，“这种联系不会让链终止。这是当发射体收到了它的邀请波上的多个接受波时，出现在链的起点的联系，它会按照概率的规则随机选择，加强其中的一个，结果便让那份特定的接受波出现在现实世界中，从而完成转换，即时交换在终点没有‘时间概念’”。

这种方法是如何解决了双孔实验中的核心谜团的？根据TI，一列延迟的“邀请波”通过实验装置的两个孔扩散，并从检测屏上触发了先行的“接受波”，后者通过装置上的两个孔反向朝发射体传播。每个粒子都随机选择

① 《现代物理学评论》，第58卷，第647页，1986年。

了接受哪列接受波，这就产生了干涉花样。但是，如果在实验中做出一个聪明的延迟选择，即在粒子开始自己的运动的情况下关闭其中的一个孔，则粒子已经“知道”了这种情况，因为接受波在握手的回程中只能通过一个孔。克拉默说：

观察者什么时候决定做哪种实验，这个问题已经不再重要了。观察者确定了实验布局和边界条件，因此相互作用也就此确定了。而且，检测事件中包括了一个测量(而不是其他相互作用)，这一事实也已经不再重要了，因此，观察者在这一过程中没有扮演特别的角色。

人们在解答量子物理学谜团方面取得了一次成功，但付出了（just在此处似乎并无对应的中文意思，译成“只”有画蛇添足之感）接受一种似乎与常识背道而驰的理念的代价。也就是说，这种理念认为，量子波的一部分真的可以逆时间运动。常识认为，原因在任何时候都必须在它们造成的事件之前；乍一看，它与我们的这种直觉强烈对立，但在更加仔细的检查之后，我们发现，相互作用解释要求的这种时间旅行根本不违背日常的因果律理念。当即时握手在逆时间方向运行的一列先行量子波的协助下发生时，这种现象完全没有影响日常世界中的因果律逻辑模式。

相互作用解释处理时间的方式不同于常识，我们不应该对此感到惊讶，因为在TI中明显地包含着相对论作用。任何用哥本哈根解释说明测量贝尔不等式的量子实验的尝试都无法自圆其说，问题的核心就在于，哥本哈根解释以经典的“牛顿”方式处理时间。如果光速无穷大，这个问题会消失；在对涉及贝尔不等式的局域描述和非局域描述之间将不会有所不同，而普通的薛定谔方程将是对实际发生的情况的准确描述——当光速为无穷大时，普通的薛定谔方程实际上就是正确的“相对论”方程。

即时握手效应会如何影响自由意志的概率？乍一看，似乎每一种事物都被这些过去与将来之间的交流固定了，每一个被发射出来的光子都已经“知道”自己将会在何时何地被吸收，每一个正在以光速穿过双孔实验装置的缝隙的量子概率波都已经“知道”，在另一面有什么样的检测器在等着自己。我们面对着一个冻结的宇宙图景，无论时间或者空间都在其中丧失了任何意义，而无论过去或者未来发生过或者将要发生的一切事物也是如此。

但在我的时间框架内，人们都是通过真正的自由意志做出决定的，同时无法确知这些决定的后果。在宏观世界中，做出能让微观世界中出现即时真实的决定需要时间（无论是人类的决定，或者是在原子衰变中牵涉的量子“选择”）。

克拉默煞费苦心地强调，他的解释没有做出任何不同于传统量子力学的预言，而且说它提供了一个概念模型，它有助人们清楚地思考量子世界中的情况，是一个很可能非常有用的教学工具，而且它对于在量子现象中发展直觉和洞察力极有价值，否则这些现象实在过于神秘。但我们没有必要觉得，在这方面，相互作用解释与其他解释相比比较弱，因为它们全都只是人们设计的概念模型，用来帮助我们理解量子现象，而且它们全都做出了同样的预言。

我们的困难就在这里。所有的慰藉都一样好，但同时也全都一样差劲。但至少这就意味着，你可以自由选择任何一个让你觉得最舒服的慰藉，并无视其他的慰藉。

| 结论 |

完全没有理智条款

在过去90年间，地球上许多最优秀的科学思想家对量子力学的意义困惑不解。

我在这里描述的6个慰藉是他们得出的最好的想法，可以简单地总结如下：

1. 除非你看着它，否则世界不存在。

2. 粒子受到不可见的波的摆布，但粒子对波没有影响。

3. 任何可能发生的事情都发生在许多平行真实之中。

4. 一切可能发生的事情都已经发生过了，我们只注意到了其中一部分。

5. 任何事情都会即时影响其他一切事情，就好像空间根本不存在。

6. 未来能够影响过去。

正如费曼在《物理学定律的特征》（*The Character of Physical Law*）中写的那样："我认为我能够很有把握地说，没有谁理解量子力学……如果可以的话，不要反复问自己：'怎么会是这样的呢？'因为这会让你徒劳无益地（原文down the drain应加引号，但徒劳无益属常用词，不必加）走进一个从来没有人成功逃脱的死胡同，谁也不知道它为什么是这样的。"